LAS MARAVILLAS DE LA NATURALEZA
Elli H. Radinger

Edita en castellano: Editorial Carbrame-98, S.L.
Primera edición 2024
Editor: José Ramón de Camps
Traducción: Patricia Miaja
Fotografía de la cubierta: Antonio Vázquez
Maquetación e impresión: www.cegeglobal.com

Depósito legal: B 16768-2023
ISBN: 978-84-127241-6-5

LAS MARAVILLAS DE LA NATURALEZA SALVAJE

Libertad, serenidad, coraje, gratitud por cómo la naturaleza da a cada uno lo que necesita

ELLI H. RADINGER

EDITORIAL
CARBRAME

Mira profundamente en la naturaleza
y entonces comprenderás todo mejor.

Albert Einstein

Índice

El gran anhelo

De repente, aquí está de nuevo. Me ataca en medio de la rutina y me saca de la seguridad que me da una vida perfecta. Inunda mis ojos de lágrimas y me provoca un ardor en el pecho. No la quiero, no ahora, pero no desaparece: el anhelo. Especialmente hoy, con las primeras nevadas, mi mente empieza a vagar hasta una cabaña de madera en Montana, en una mañana despejada y con un silencio envolvente. Mi vida en la naturaleza.

Tengo un virus, el virus de la naturaleza. Una vez que te ha infectado, no puedes librarte de él en la vida. Aparece en los momentos más inoportunos, por ejemplo, cuando tengo que cumplir el plazo de entrega de un manuscrito o prepararme para una gira literaria. «¡Déjame en paz!», le grito. «No tengo tiempo para ti. Adiós».

Pero no se le puede dar la espalda al anhelo. Aparece cuando le conviene. ¿Fue el crujido del hielo en los charcos helados durante el paseo matutino del perro? ¿O los copos de nieve que se posaron sobre la nariz de mi perro? Tal vez fuera el ronco graznido del cuervo que se posó en un árbol que estaba a mi lado. Cierro los ojos un momento y me vienen los recuerdos.

Sacudo la cabeza como si quisiera hacer desaparecer una pesadilla, pero no lo es. Es un sueño que he vivido varias veces. Son los *flashbacks* de mi vida en los bosques de Minnesota, en los montes de Alaska o en el desierto de Arizona. Ese anhelo no me deja avanzar. Hay momentos en los que quiero dejarlo todo atrás y marcharme de nuevo, seguir la llamada de la naturaleza salvaje. Dejar mi vida acomodada y volver a la soledad, al frío, al silencio.

La magia de la naturaleza me encantó hace años y sigo bajo su hechizo desde entonces. Ahora estoy triste porque he tenido que alejarme de ella y la echo de menos. Al mismo tiempo, siento profunda felicidad y gratitud por el tiempo que pasamos juntas. Mi vida en la naturaleza salvaje fue (y es) un regalo.

Hay regalos que los deseas tanto que presiden tu lista de deseos. Otros son como los calcetines de punto de la abuela, que en teoría no los quieres porque siempre pican un poco, pero agradeces el calor que dan cuando hace frío. Algunos regalos temes desenvolverlos porque intuyes que traen dolor con ellos. Tanto la felicidad y el calor, por un lado, como el miedo por otro, definen mi relación con la naturaleza. Todo ello es mi mundo salvaje.

Como ocurre con todo lo que intentamos reprimir, no podemos luchar contra nuestros anhelos más profundos. Es inútil ignorarlos, lo sé. Con la primera nevada del año, se abalanzan contra nosotros. Sé que hoy la tristeza inundará mi corazón.

Me dejo caer y me acomodo en un sillón junto a la ventana con una taza de té. Veo cómo cae la nieve y empiezo a soñar.

Sueño con los inmensos cielos de Montana, las profundas gargantas del Gran Cañón, los increíbles cielos estrellados durante una noche clara y fría en el desierto y la mágica danza de las auroras boreales. Pero también con mis numerosos encuentros con animales salvajes. Sobre todo, con los astutos y tramposos coyotes, que siempre me sacaban una sonrisa. Los apacibles bisontes, que me enseñaron lo que es la tranquilidad. Los temibles *grizzly*, en cuya presencia me sentí más viva que nunca. Las ballenas que, con su increíble tamaño, me hicieron sentir tan diminuta. Y, por supuesto, los lobos, con los que tuve el privilegio de compartir experiencias y se convirtieron en mis maestros.

He pasado gran parte de mi vida en la naturaleza. Ha sido la naturaleza salvaje la que me ha ayudado a aprender más sobre mí misma, sobre los demás y sobre este maravilloso, aunque loco, mundo en el que vivimos. En ella he visto la verdadera belleza y verdaderas maravillas. También he tenido encuentros que me dejaron sin respiración. La naturaleza salvaje ha cambiado mi vida y mi forma de pensar. Siempre encuentro paz en ella.

Una de las grandes aventuras de esta vida es la de enamorarse de la tierra y de sus criaturas. Es una cuestión del corazón como ninguna otra. Una experiencia vital apasionante y que no deja de suceder.

Me gustaría que vinieras conmigo a mi mundo salvaje, a lugares vírgenes y a conocer animales salvajes, tal y como yo los conocí.

La vida salvaje no es como creemos. No es naturaleza pura, sin gente ni edificios. Está en todas partes: en el bosque, en el mar, en el jardín que tenemos en la puerta de casa y, a veces, más cerca de lo que creemos, porque también la encontramos dentro de nosotros mismos. Lo que nos llama es nuestra propia naturaleza salvaje, el sentimiento de querer volver a ella. Descubrir y ampliar nuestros límites personales, superarnos a nosotros mismos, vivir nuevas experiencias y liberarnos de las funciones y obligaciones que tenemos que cumplir a diario. Todo el mundo puede hacerlo dondequiera.

Para presenciar las maravillas de la naturaleza salvaje no hay un plan de cinco puntos. Sal a la naturaleza, sé curioso y ábrete a los tesoros que te ofrece y agradece lo que pueda aportarte.

La naturaleza salvaje cambia nuestras vidas y nuestra forma de pensar. Nos regala cosas nuevas cada día y nos da a cada uno lo que necesitamos.

En la naturaleza salvaje

Parque Nacional de Zion, Utah, EE.UU.

El aullido de un coyote me despertó. Sonaba como si estuviera cantando su alegre saludo al sol del amanecer justo al lado de mi oído. Con cuidado, salí del saco de dormir y limpié la ventanilla empañada con la manga de mi chaqueta polar. Llegué al camping de Lava Point por la noche y dormí en el coche. Por la mañana temprano, antes de la avalancha de turistas, quise caminar por Narrows, una famosa ruta de senderismo entre acantilados de arenisca de varios metros de altura.

Por desgracia, lo único que pude ver de mi despertador cantarín fue la cola y un movimiento entre los arbustos. Me puse un jersey calentito y me preparé un café en polvo en la cocina de gas.

Cuando el sol se elevó sobre los acantilados y calentó las rocas, me sentí con mejor ánimo. Con una segunda taza de café en la mano, caminé un poco a lo largo del río y me senté en una roca de la orilla. Al otro lado del agua, un corzo miró hacia mí; lo había interrumpido mientras pastaba. Se quedó inmóvil durante un momento y luego echó a correr. Media hora después, vi un puercoespín estirado en una rama, masticando una hoja. Este animal solitario, por lo general nocturno, parecía tan indiferente a mi presencia como al sol que estaba saliendo.

Tenía el pálpito de que sería un día maravilloso.

A una distancia prudencial del puercoespín que seguía alimentándose, me hundí en la hierba y miré hacia las paredes del cañón, que en algunos lugares estaban empolvadas con un toque de nieve. El blanco inocente se fue tornando rojo, naranja y dorado a la luz del sol que salía lentamente. En pocos minutos, un resplandor ardiente se posó sobre las rocas. Nunca me canso de ver cómo las oscuras rocas de arenisca del suroeste empiezan a brillar y se vuelven cada vez más brillantes a la luz del día.

Son estos momentos tranquilos y solitarios en la naturaleza los que me hacen más feliz y por los que hace tiempo dejé mi carrera de abogada.

«¿Por qué? ¿Por qué la naturaleza?», me preguntan a menudo.

Sir Edmund Hillary fue la primera persona que escaló el Everest en 1953. Cuando le preguntaron a su regreso por qué escalaba altas montañas, dio una respuesta lapidaria: «Porque están ahí».

Mi respuesta es parecida: voy a la naturaleza porque está ahí. Porque su belleza y sus peligros me dejan sin aliento; porque me desafía cada día; porque es tan ajena a mí como cualquier otra cosa en el mundo y, sin embargo, hace que me reconozca. La naturaleza salvaje me inspira, me da ideas y una gran paz. Como aquella mañana en el Parque Nacional de Zion.

«A mí también me gustaría vivir como tú: libre y en la naturaleza», me escriben los lectores, mujeres en su mayoría.

Se imaginan sentadas en el banco frente a su cabaña de madera, contemplando la puesta de sol y escuchando el aullido de un lobo.

Y yo les pregunto: «¿Estás dispuesta a pagar el precio de esta libertad? ¿Quieres vivir sin ingresos fijos y sin familia? ¿Renunciar a la estabilidad y a la jubilación?». Muy poca gente quiere eso.

La naturaleza salvaje no es como aparece en los folletos plastificados. Es dura, sucia, húmeda y fría. Es peligrosa y solitaria. Esa es la realidad que se esconde tras las imágenes románticas. Las imágenes que mucha gente tiene de ella no son reales.

La naturaleza es una paradoja: un lugar de terror y anhelo, fuente de vida y envoltorio de sueños. Parece que mantenemos con ella una especie de relación de amor-odio. Cuanto más desaparece, mayor es nuestro anhelo por ella. Leemos libros sobre ella, vestimos prendas con el logotipo de una pata de lobo y nos equipamos para una excursión de senderismo con las últimas prendas multifuncionales de las tiendas de deporte de exterior. Conducimos un todoterreno hasta el Hotel Resort o al Glamping y nos regalamos una copa de vino tinto alrededor de la hoguera nocturna. ¡Luz natural!

Al mismo tiempo, se mata a los lobos que vuelven a sus hábitats y a los osos migratorios, se sellan los últimos espacios verdes y los jardines delanteros cercados se convierten en desiertos rocosos.

En nuestra mente, asociamos lo salvaje con la naturaleza intacta, como la jungla, el páramo y un mundo perfecto. En él nos sentimos como en casa. Nuestras mentes han evolucionado a lo largo de millones de años mientras aún éramos cazadores-recolectores bajo las condiciones de la naturaleza salvaje. No ha sido hasta hace apenas dos siglos que nos hemos visto catapultados hacia la industrialización, hacia un mundo reinado por la complejidad.

Hoy en día estamos convencidos de que podemos controlar la naturaleza, pero esta nos pone trabas. Lo vemos cada vez que la gente se aleja de ella. No hay más que ver lo rápido que las plantas destruyen el asfalto de una carretera abandonada. O cómo la fauna volvió a las ciudades durante el estricto toque de queda durante la pandemia del coronavirus.

No podemos controlar la naturaleza, y nos recuerda lo mucho que nos hemos alejado de ella. Se las arregla perfectamente sin nosotros. Nosotros, en cambio, no podemos arreglárnoslas sin ella, aunque nos guste decirnos que sí podemos. Nos reconforta más sentir que nosotros elegimos, que tenemos un mundo salvaje al que podemos darle la espalda en cualquier momento si se vuelve incómodo, pesado o agotador, o simplemente no cumple nuestras expectativas.

En realidad, la naturaleza siempre nos tiene en sus manos, nos guste o no, porque de ella surgen nuestras raíces. La naturaleza salvaje con la que soñamos tan apasionadamente no es otra cosa que el anhelo de volver a nuestra propia naturaleza. Lo que nos llama es nuestra propia naturaleza salvaje.

Seguí esta llamada e hice realidad mi sueño de vivir en la naturaleza. Todos tenemos derecho a vivir según nuestras creencias y a seguir lo que nos dice la voz del corazón. ¿Tienes una visión que se repite una y otra vez, que no te deja dormir y que arde con fuerza en tu interior? ¿Estás dispuesto a sacrificarlo todo por ese sueño? Entonces síguelo. Pruébalo. ¿Qué puede ocurrir? Puede que salga mal y te caigas. Levántate, quítate la suciedad de la ropa, sacúdete una vez con fuerza y vuelve a intentarlo. No te rindas. Puedes estar orgulloso de ti mismo porque, a diferencia de otras personas con el mismo sueño, te has atrevido a hacerlo y sólo con eso ya has ganado.

Quizá tu sueño también se haga realidad. Pero sólo lo sabrás cuando lo hayas intentado. Nunca es demasiado tarde. Si estás dispuesto a asumir riesgos y tienes confianza, puedes convertirte en lo que estás destinado a ser.

Para vivir mis propios sueños de libertad y naturaleza salvaje siempre he vuelto a empezar de cero, he renunciado a una vida y he probado otra. Casi siempre he seguido mi intuición. A veces me caía y volvía a levantarme, confiando en que todo saldría bien. «*Andra tutto bene*» es lo que decían los italianos durante la crisis del coronavirus.

He aprendido a confiar en la naturaleza, en el transcurso de la vida, en que todo sucederá como debe. Pongo mis esperanzas en tomar decisiones que sean buenas para mí y con las que pueda vivir.

Nuestras vidas están determinadas y sujetas por decisiones. Una tras otra, grandes y pequeñas, acertadas o equivocadas. Da igual, porque la vida sigue y no me espera. En la naturaleza salvaje, me veo obligada a decidir constantemente. ¿Qué dirección tomo? ¿Busco refugio de una tormenta que se acerca o sigo caminando? ¿Qué hago si un oso corre hacia mí? Cada paso que doy me plantea una nueva elección. Y algunas decisiones son determinantes.

Cuando tengo que hacer grandes cambios en mi vida, suelo seguir mi instinto; como mi trabajo de abogada no me hacía feliz, lo dejé y empecé a viajar. Cuando me enamoré de un granjero de canoas en Minnesota, decidí coger un vuelo de manera espontánea e irme a vivir con él en su cabaña de madera. Para aprender más sobre los lobos, hice unas prácticas de investigación del comportamiento en un recinto de lobos americano y luego fui voluntaria al Parque Nacional de Yellowstone para estudiar el comportamiento de los lobos salvajes.

Me lanzaba de todo corazón a cada aventura con pasión y valentía. No todas las decisiones fueron correctas y buenas. Pero todas me han enseñado, me han moldeado, me han formado y, sobre todo, he tomado yo las decisiones. De este modo, siempre he tenido las riendas de mi destino. Siempre que sentía que ya no era feliz en una situación y sentía que ya no tenía control sobre mi vida, me atrevía a empezar de nuevo.

Durante mi época de abogada, representé a la esposa en un caso de divorcio. La pareja estaba en guerra entre sí y llevaba semanas peleándose con acritud hasta por el último detalle de sus bienes. Se acercaba la vista decisiva y yo estaba nerviosísima, temiendo la agresividad y hostilidad de ambas partes. Recuerdo el momento exacto en que me miré en el espejo del lavabo del juzgado y vi mi rostro pálido, como una muerta viviente, que contrastaba con la toga negra de abogado. No era así como me había imaginado la profesión cuando estudié Derecho. Quería cambiar el mundo y entonces estaba convencida de que el bien ganaría. Pero la realidad era completamente distinta de mi imagen idealizada. Ahí fuera era una jungla y yo no estaba hecha para una vida tan exigente en el mundo de la abogacía. Quería vivir mi verdadero destino y tomé una decisión. Poco después, devolví mi licencia, regalé mi toga y rescindí el contrato de arrendamiento del despacho, para la gran sorpresa de mi familia y mis amigos.

«¿Quieres renunciar a tu carrera? ¿Para qué?».

Sí, ¿para qué? Aún no me conocía a mí misma. Quería volver a ser feliz, sentirme viva y seguir a mi corazón. Había ahorrado lo suficiente y primero viajaría y estaría abierta a lo que viniera. Todo lo demás ya encajaría. Era libre.

Los nuevos comienzos son algo grandioso. El naturalista es un maestro de los nuevos comienzos. Después del invierno, vuelve a empezar en primavera. Cada vez que comienzo una nueva aventura, tengo la impresión de que el mundo entero es un lugar nuevo para mí, y está esperándome. Una hoja en blanco con la que tengo la oportunidad de hacer algo grande con ella, o de estropearla por completo. Eso da miedo, pero en mi estado de euforia no me doy cuenta de las posibilidades de fracaso. Eso es bueno, porque de lo contrario probablemente estaría tan paralizada que no me atrevería a hacer nada. Se me permite cometer errores, sólo que debo intentar no cometer siempre los mismos. La naturaleza me ha enseñado a confiar. A veces las cosas van mal. Todo cambia. Toda nuestra vida puede dar un vuelco de un día para otro.

«La vida es lo que sucede mientras hacemos otros planes», decía John Lennon. Yo digo simplemente: «todos la cagamos alguna vez». Un pestañeo y nuestro mundo cambia de arriba a abajo. Incluso mientras escribo esto, es lo que nos está mostrando la crisis del coronavirus en la que un diminuto virus con la bonita forma de una bola de erizo apaga el mundo.

A diferencia de nosotros, los humanos, a la naturaleza no le importan las dificultades a las que nos enfrentamos ni lo mucho que nos esforzamos por hacerlo todo bien. No le importa. Sigue su propio plan y nosotros tenemos que ver cómo lo afrontamos. Nos guste o no, es más poderosa que nosotros. Ella es grande. Nosotros sólo somos una minúscula parte de ella que podría (probablemente) ser incluso prescindible si ya no encaja en el concepto global. Es una lección maravillosa que nos enseña a no creernos tan importantes.

De vuelta a mi nuevo comienzo. Había dejado mi trabajo de abogada, abandonado mi piso de alquiler y estaba lista para la siguiente aventura de mi vida. Con una bolsa de viaje y mi perro Klops, volé a Canadá en octubre de 1986. En Vancouver me matriculé en un semestre de inglés comercial en la Universidad de Columbia Británica (University of British Columbia).

Una vez allí, busqué piso, pero no lo conseguí. Era la época de la Exposición Universal del 86 y todos los alojamientos estaban llenos. Además, la mayoría de los propietarios rechazaban a los perros. Sin más miramientos, alquilé una autocaravana, que iba a ser el hogar para Klops y para mí durante los meses siguientes. Entre semana la aparcaba en el campus universitario y al final de la semana íbamos en coche a la montaña o al mar, pernoctábamos en lugares remotos y hacíamos mucho senderismo. Me gustó tanto esta vida de libertad que después de graduarme pasé otros seis meses recorriendo Estados Unidos para conocer mejor el país.

Viajar es una de mis pasiones, por eso también trabajé como azafata de Lufthansa durante cinco años antes de estudiar Derecho, para descubrir todos los lugares maravillosos que existen en este mundo. Cuando estoy de viaje, el «piloto automático» inconsciente que controla mi vida diaria se desconecta y siento una conexión más fuerte conmigo misma. Viajar me enseña humildad. Me infunde respeto por la vida de los demás y me hace consciente de que sólo soy un pequeño ser humano entre muchos que pronto desaparecerán de nuevo de la Tierra. Viajar con el corazón abierto nos protege de sobrevalorarnos y nos hace agradecidos.

De vuelta en Alemania, empecé a moverme entre trabajos y continentes, desplazándome de un lado a otro. En verano, ganaba mi dinero como periodista de viajes, para poder vivir en Estados Unidos durante el invierno. El suroeste me atraía especialmente. En Santa Fe, Nuevo México, alquilé una casita durante tres inviernos. La ciudad está a dos mil metros sobre el nivel del mar y era el centro espiritual de América en los años ochenta. Aquí vivían muchos artistas y curanderos, y pasé interminables ratos deambulando por los museos y galerías y asistiendo a las numerosas celebraciones de los nativos americanos (navajos y hopis).

Durante tres veranos trabajé como guía turística para un organizador alemán de viajes de investigación y enseñé a los visitantes, en su mayoría personas mayores, los parques nacionales de Estados Unidos y Canadá. Conducía furgonetas, cargaba maletas y ensalzaba las bellezas del país. Me sorprendió la forma tan distinta en que la gente se toma y entiende sus encuentros con la naturaleza y los espacios naturales. A veces mi trabajo era un verdadero reto cuando, por ejemplo, los huéspedes se quejaban de la naturaleza, que en su opinión no «funcionaba» como habían imaginado. ¿El Gran Cañón con niebla? Imposible. ¿Un amanecer en la dirección equivocada y la foto no sale bien? ¡Cámbialo, por favor!

Por desgracia, también hay gente a la que ya no le entusiasma ni siquiera la aparición de una madre *grizzly* con gemelos. Me pareció especialmente triste la reacción de un invitado ante tal encuentro: «Eso también lo veo en el zoo».

Ante la belleza de los animales cerca de nuestro coche, sólo podía quejarse de que era más fácil verlos en otro lugar. En un momento en que se encontraba en el punto álgido de la que quizá sea la relación sentimental más duradera de su vida (el amor a la naturaleza), no veía el encanto de su amada.

Hemos llenado nuestras vidas de tantas tonterías artificiales y distracciones que muchos de nosotros ya no podemos oír la voz de la Tierra. Necesitamos nuevos maestros que nos ayuden a reconectar. A renovar nuestra relación con la Tierra. Para volver a escuchar nuestros instintos y sentimientos, comprenderlos y actuar en consecuencia. Que nos enseñen a reconstruir la antigua confianza en nosotros mismos y en la naturaleza para que podamos vivir nuestras vidas en armonía con ella y disfrutarla.

A veces, una fotografía también puede ser ese maestro. En diciembre de 1968, tres astronautas de la NASA se convirtieron en los primeros humanos en abandonar la órbita terrestre para viajar a la Luna. Frank Borman, James Lovell y William Anders salieron a orbitar el cuerpo lunar y explorar las posibilidades de un futuro alunizaje. Esta misión se conoció como Apolo 8.

La fotografía que William Anders tomó cuando la Tierra se alzaba desde la negrura del espacio sobre el paisaje lunar de piedra gris cambió para siempre nuestra visión del mundo. *Salida de la Tierra* (Earthrise, su título original en inglés) muestra la Tierra saliendo a 54 mil kilómetros de distancia. Está publicada en los archivos de la NASA con un sencillo número (AS8-14-2383) y es una de las «100 imágenes más influyentes de todos los tiempos», según la revista *Time*. Siete meses más tarde, Neil Armstrong se convirtió en el primer hombre en pisar la Luna.

Además de la imagen de *Salida de la Tierra*, hay otra imagen de la Tierra que se considera la fotografía más mediática de la historia de los medios de comunicación. En la imagen del Apolo 17, la gente vio por primera vez todo el globo terráqueo desde el exterior. La imagen abarca desde el mar Mediterráneo hasta el casquete polar sur de la Antártida. En el hemisferio sur hay una densa capa de nubes. Casi toda la costa de África es claramente visible. Junto a los campos de nubes del ecuador, destaca el verde de la selva tropical. Las zonas desérticas sin nubes del norte de África son reconocibles por su color marrón terroso. La Península Arábiga se percibe en el extremo nororiental de África. La gran isla frente a la costa africana es Madagascar. El continente asiático se ve en el horizonte, al noreste.

Todos los astronautas que vieron la Tierra desde fuera se quedaron impresionados por su fragilidad y su belleza. El comandante del Apolo 17, Eugene Cernan, dijo: «Salimos a explorar la Luna, pero descubrimos la Tierra».

Al contemplar la fotografía de la Tierra de 1972, siento una profunda admiración y humildad. Me resulta difícil imaginar que este hermoso mármol azul esté sumido en tal caos y que seamos los humanos quienes la estemos destruyendo. Lo que me entristece es que la faz de la Tierra ya ha cambiado drásticamente hoy en día (2020). La gran placa blanca de la Antártida se está derritiendo y dejará de ser visible en unas décadas; o la llanura verde de la selva, que cada día disminuye su tamaño y que desempeña un papel cada vez más importante como «pulmón del planeta», también se está destruyendo. Buscamos protección contra el coronavirus, que amenaza nuestros pulmones, pero estamos destruyendo sin pensar los pulmones del planeta, que nos dan oxígeno a nosotros.

Puedes pensar lo que quieras sobre la necesidad de los viajes espaciales, pero sólo desde arriba, desde la ventana de un transbordador espacial, la EEI (Estación Espacial Internacional; ISS, por sus siglas en inglés) o la Luna, conseguimos ver el panorama de nuestro planeta.

¿Qué nos ha aportado? ¿Nos ha hecho más conscientes del medio ambiente? Sin duda, a cualquiera que haya visto todo esto con sus propios ojos. Sin embargo, incluso cincuenta años después del alunizaje, parece que todavía no ha calado en la conciencia de los humanos lo precioso y único que es nuestro planeta natal.

Las imágenes de *La salida de la Tierra* crearon una conciencia colectiva de la Tierra como un todo. Su belleza y fragilidad inspiraron la fundación del movimiento ecologista y el primer Día de la Tierra, el 22 de abril de 1970. Al mismo tiempo, surgió el modelo científico de la Tierra como Gaia, que considera la Tierra y su biosfera como un único ser vivo, un superorganismo autorregulado en el que todo lo que hay en ella ha evolucionado con el objetivo de mantener el planeta estable y óptimo para todas las formas de vida. Todo está interconectado, incluidos los seres humanos. A través de cada respiración, de cada sorbo de agua, cada una de nuestras células está conectada a la Tierra y al universo. El anhelo de pertenecer a nuestro planeta forma parte de nuestra conexión con él, independientemente de dónde vivamos, todos somos habitantes de la Tierra lo sentimos. Lo que le ocurre a ella también nos ocurre a nosotros. Si destruimos la biodiversidad o el clima cambia, Gaia encontrará la forma de adaptarse, si es necesario, sin nosotros.

La Tierra no nos necesita a nosotros, sino que nosotros la necesitamos a ella. Por eso no basta con contemplar maravillados la imagen del planeta azul. Debemos convertirnos en parte activa de él y trabajar para protegerlo. Ver la Tierra desde fuera pone en perspectiva el significado de muchas cosas. Para entenderla de verdad, tenemos que salir de ella. Es la vista desde arriba la que nos permite ver el cuadro completo y nos recuerda lo preciosa que es la Tierra.

En ningún sitio se aprende la humildad con tanta facilidad como en la naturaleza. Mi vida en los espacios naturales me ha enseñado a reconocer y comprender las interrelaciones del ecosistema. De los lobos he aprendido a observar, no sólo a mirar. Esto implica dejar atrás la vida cotidiana y desprenderse de las ideas que uno tiene sobre una especie. No podemos «gestionar» los espacios naturales. Además, es demasiado complejo. Basta con que participemos en silencio e intentemos comprenderlo. He comprobado que sólo entiendo algunas conexiones en la naturaleza porque las he observado durante mucho tiempo.

Un magnífico ejemplo de ello es la reintroducción de lobos en el Parque Nacional de Yellowstone, que he seguido desde el principio. Durante veinticinco años pude observar cómo cambiaba el ecosistema cuando volvían los lobos tras setenta años de ausencia. Pude experimentar a cámara rápida la red de la naturaleza en la que todo está conectado. En los dos primeros años, los lobos mataron a la mitad de la población de coyotes. Esto a su vez provocó un aumento del número de pequeños roedores, la presa principal de los coyotes. Menos coyotes y más roedores significaban más alimento para aves rapaces, martas, tejones y zorros. Los lobos mataban ciervos, cuyo alimento favorito, los sauces jóvenes de las riberas, podían crecer entonces sin ser problema. El aumento del número de arbustos en las riberas dio cobijo a los pájaros cantores y favoreció el enfriamiento del agua y el regreso de las truchas. Finalmente, el castor regresó y cambió el curso de los ríos y el paisaje con sus construcciones. Hasta aquí la versión corta. Nuestro ecosistema es una malla fina y sensible en la que todo, cada planta, cada ser vivo, incluso cada piedra y grano de arena, tiene su lugar (incluidos nosotros).

Por tanto, no basta con proteger a los animales o las plantas de forma aislada si no se protegen también de la destrucción y se conservan hábitats suficientemente amplios e interconectados.

De todas las cosas interesantes, extrañas y bellas que he visto y sentido en la naturaleza, nada me ha conmovido y desconcertado más que mis encuentros con animales. Digo «desconcertado» porque no se me ocurre una palabra mejor. Han tocado algo en mí tan profundo como la vida misma. Después de cada uno de estos encuentros, sentí durante una fracción de segundo que podía vislumbrar cómo surgía la visión de la unidad universal.

Todos los años me sentaba en Yellowstone, sólo con una manada de lobos. Los lobos no sabían nada de mí. No tenían ni idea de que yo observaba y grababa cada uno de sus movimientos. Ni les importaba, sólo se dedicaban a hacer lo suyo.

Me di cuenta de que conocía su edad y sus relaciones. Los había observado cazar, aparearse y criar a sus pequeños. Pero no sabía cómo eran sus vidas en realidad. ¿Alguno de ellos sufría o tenía el corazón roto? ¿Estaban los padres preocupados por sus crías? Había tantas cosas que creía saber, pero que sólo las suponía. No podía ver el interior de los animales. ¿Conocía realmente a los lobos sólo porque los había observado durante tanto tiempo? ¿Puedo conocer a una persona, aunque conviva con ella durante mucho tiempo?

Aprecié esos momentos y sigo haciéndolo, porque me dieron mucho y forman parte de mí para siempre. La embriagadora belleza que me rodeaba y la presencia de los lobos. Me hicieron reflexionar profundamente sobre la vida. El ruido incesante y ahogador de la humanidad se apagaba. En esos momentos, me habría parecido perfecto quedarme allí... para siempre.

Para mí fue un privilegio increíble sentarme con los lobos, y con los bisontes, los osos *grizzly*, los coyotes, las águilas y todos los demás animales que pude ver cada día en los espacios naturales de Yellowstone. Observar la dinámica de la naturaleza de primera mano durante décadas ha cambiado mi forma de verla.

Hoy, cuando reflexiono sobre mis investigaciones, me doy cuenta del abismo que nos separa a los humanos de los animales. Yo invado sus hábitats, pero son ellos los que arriesgan su vida cuando entran en el nuestro. Soy feliz cuando observo animales salvajes. Sin embargo, nunca se me ha ocurrido preguntarles si les parece bien que los observe en su vida cotidiana, ni si mi presencia es bienvenida.

Me atrae la idea de comunicarme con la naturaleza, de imaginar que de algún modo entra en algún tipo de intercambio conmigo. Pero no es así. Creo que la mayoría de los animales prefieren que los dejen en paz. La naturaleza no nos necesita, ya lo he dicho antes. La Tierra se formó en el tiempo geológico por el agua, el viento y el hielo. No tuvimos ninguna influencia en este proceso. Los animales salvajes, sin embargo, se ven directamente afectados por nuestras acciones, por nuestra mera presencia. Destruimos sus hábitats, envenenamos sus aguas, construimos carreteras en sus rutas migratorias y contaminamos el aire que respiran. No mejoramos sus vidas. Al contrario, somos peligrosos para ellos. Pero parece que ellos ya lo saben.

Los animales salvajes no tienen ninguna conexión real con los humanos. Ninguno de ellos nos buscaría para comunicarse con nosotros. Lobos, osos, ballenas y delfines estarían mucho mejor sin los humanos. Aunque me gustaría que lo estuvieran, no creo que los animales salvajes sean capaces de establecer una conexión espiritual con nosotros. La forma en la que el coyote que me despertó por la mañana en el Parque Nacional de Zion escapó entre los arbustos me dice que los animales salvajes desean que se les deje en paz más que nada en el mundo.

A lo largo de los muchos años que he pasado en la naturaleza, mi actitud hacia ella y los animales que la habitan ha cambiado mucho. Mientras que antes quería estar lo más cerca posible, hoy doy un humilde paso atrás y me quedo como una mera observadora. Me siento feliz y agradecida por el momento que me regalan sin miedo, o mejor aún: ignorantes. En el que ellos son ellos mismos a pesar de mi presencia.

Hoy soy mayor y recuerdo muchas décadas viviendo en la naturaleza. Ahora camino por la naturaleza con más atención. Puede que mi vista se haya deteriorado y que ya no oiga ni el susurro de un ratón. Pero sigo oyendo el canto de los pájaros y el murmullo del viento. Otros sentidos sustituyen a los perdidos: ahora utilizo más mi intuición, mi conciencia global, el recuerdo de los encuentros con animales salvajes que nunca olvidaré y que puedo rememorar en mi mente en cualquier momento.

En el territorio de los lobos

Una manada de lobos es una familia formada por padres, hijos, nietos, abuelos, tíos y tías. Todo gira en torno a un objetivo común: el bienestar de la familia. En los treinta años que llevo observando lobos salvajes, he aprendido mucho, no sólo sobre los lobos y su comportamiento social, sino también sobre las personas que se apasionan por estos animales. Vienen de todos los países, hablan idiomas distintos, tienen orígenes y niveles de educación diferentes, pero una cosa les une: la pasión por los lobos.

El Parque Nacional estadounidense de Yellowstone es el mejor lugar del mundo para observar lobos en su estado natural. Y por eso todos acudimos allí y formamos parte de la gran comunidad de «observadores de lobos». Lo hizo el presidente de Estados Unidos, Barack Obama, y también su predecesor, Bill Clinton. Yo también lo hago, con decenas de miles de visitantes cada año. Todos seguimos a los lobos como las *groupies* siguen a las estrellas del rock. Casi todos los que vienen una vez tienen una historia que contar. Para algunos, la experiencia de ver un lobo es un punto de inflexión en la vida.

Llevo observando a los lobos desde su reintroducción en 1995, y cinco años después empecé a llevar a personas interesadas a mis salidas de observación de estos animales. Dos o tres veces al año ofrecía jornadas para grupos reducidos. Las salidas de nueve días eran caras y estaban limitadas a cuatro participantes que tenían que pasar una especie de procedimiento de selección: un «casting de lobos». De todos modos, estas salidas se reservaban con dos o tres años de antelación. La mayoría cumplía el sueño de su vida al participar.

Los que podíamos trabajar en el proyecto del lobo éramos una pequeña comunidad conspiradora de voluntarios que pagábamos con nuestro tiempo libre y mucho dinero para estar especialmente cerca de los lobos. Los investigadores, especialmente el biólogo jefe Rick McIntyre, dependían de nuestra ayuda porque no podían estar en todas partes. Los territorios de cada manada de lobos estaban muy repartidos por el parque. Nos dieron un *walkie-talkie* y un número de radio con el que podíamos identificarnos. Nos quedábamos de pie desde el amanecer hasta el anochecer, con temperaturas que oscilaban entre los treinta grados y los treinta grados bajo cero, observando a las manadas de lobos e informando al biólogo de cada movimiento de los cánidos. Nuestros registros fueron de un valor incalculable para el proyecto del lobo, que sufría una falta crónica de financiación (como todo proyecto del sector público).

En enero de 2004, se necesitaron voluntarios en relación con un nuevo estudio del proyecto sobre el lobo me ofrecí voluntaria en el momento. El estudio titulado «Estudio de depredación estival», iba a ser un estudio sobre el comportamiento de los depredadores ante las presas. Para observar a los lobos, normalmente prefería el invierno y evitaba los meses de verano, porque hay demasiados turistas en el Parque Nacional durante esa época y apenas se ve a los lobos. Sin embargo, esta era la oportunidad de conocer por fin el solitario y aislado interior de Yellowstone, junto con otros aficionados a los lobos y biólogos. Parecía la escapada perfecta.

El vuelo desde Fráncfort hacia Denver y Salt Lake City duró dieciocho horas, incluida la escala, pero a pesar del cansancio y el *jet lag*, estaba lista para salir a las ocho de la mañana. La naturaleza me llamaba.

La ruta de Salt Lake City al Parque Nacional de Yellowstone va de Utah a Wyoming pasando por el Parque Nacional de Teton y sólo se puede transitar entero durante el verano. Con el coche de alquiler, conduje por carreteras comarcales muy estrechas a lo largo de la cordillera nevada de los Teton. Varios vaqueros guiaban tranquilamente a una manada bovina por los pastos.

Berrendos y uapitíes pastaban tranquilamente junto a Pintos (caballos de varios colores), haciendo que el idilio fuera perfecto. Tomé un café en una gasolinera y puse la emisora local. Cantando a pleno pulmón, conduje por la pradera, deteniéndome para hacer fotos cuando, por ejemplo, un águila pescadora buscaba comida en un árbol.

Hice una breve parada en la pequeña ciudad del oeste de Jackson Hole para comprar comida. Mini salamis, palitos de queso, pan crujiente y manzanas serían suficientes para los próximos días. Este lugar es un punto de encuentro para una mezcla de lugareños, vaqueros y artistas, con un pequeño toque chic. Numerosas tiendas de ropa del oeste, elegantes galerías de fauna y acogedores cafés atraen a los turistas en masa. Demasiados, para mi gusto. En mi interior ya estaba preparada para estar en la naturaleza.

Para llegar a los lobos lo antes posible, devoré mi bocadillo en el coche. Sin embargo, las distancias en EE.UU. son más grandes de lo que uno cree. El «atajo» a través de Teton no me ahorró tiempo, ya que estuve parada por una importante obra. En los dos parques nacionales contiguos, Teton y Yellowstone, las obras se multiplican durante la corta temporada de verano: se rellenan los baches o se amplían las carreteras. En invierno, las heladas y las máquinas quitanieves arruinan su nuevo aspecto.

Esperé pacientemente en el atasco durante media hora hasta que un camión de obras tomó la delantera y nos guio por la polvorienta carretera de un solo carril entre máquinas de alquitrán y excavadoras. El sol bajo bañaba de rojo la entrada sur de Yellowstone mientras la atravesaba.

La experiencia ha demostrado que hay muchos animales en las carreteras de Yellowstone, sobre todo por la noche. Bisontes, coyotes e incluso lobos aprovechan para seguir su camino tranquilos y sin que los turistas los molesten. Seguir conduciendo en la oscuridad me parecía demasiado arriesgado. Así que me dirigí al Madison Campground. Me asignaron un camping por la friolera de dieciocho dólares. Hacía mucho frío y empezaba a llover con fuerza. Consideré brevemente la posibilidad de dormir en el coche, pero decidí montar mi tienda ultraligera. Una última comida en el coche y al saco de dormir. Las agujas de los pinos goteaban y las piñas de los árboles golpeaban suavemente el techo de la tienda. Los truenos retumbaban a lo lejos, los relámpagos se movían en el cielo. ¿Sabría mi familia si un árbol me había golpeado por la noche? Me quedé dormida hasta la una de la madrugada, cuando mi nuevo vecino llegó en su furgoneta VW. Cuando encendió la radio y la música heavy metal atravesó la delgada pared de mi tienda, salí del saco de dormir, llamé a la puerta del ruidoso y le pedí que bajara el volumen de la música. Informaría a los guardas de lo contrario. La respuesta fue un «¡Que te d...!» de malas formas y seguido de más insultos. Poco después oí al hombre salir del coche y caminar alrededor de mi tienda. Ahora mi noche de descanso había terminado por completo. Masacrada por un drogadicto loco (o lo que fuera), así no era como había imaginado mi aventura en la naturaleza. Me sentía segura entre osos y lobos. Ahora estaba entrando en pánico frente a un... humano. Me quedé quieta y escuchando en completo silencio durante un rato en la noche. Hubo un momento en que los pasos se alejaron, de vez en cuando algún animal hacía ruido. Pero ya estaba harta, me levanté, metí la tienda y el saco de dormir en el coche y me fui.

La tormenta había dispersado las nubes cuando llegué al valle de Lamar al amanecer. Allí me reuní con mi grupo los «Hardcore Wolfwatchers», que ya habíamos quedado por correo. Mark y Carol me recibieron con abrazos. Condujeron hasta Yellowstone casi tanto como yo. Mark era anestesista y Carol enfermera. Vivían en Boulder, Colorado, y recientemente habían comprado una casa en las afueras de Yellowstone. «Para los perros», me dijo Carol mientras me guiñaba un ojo. Como no les permitían llevarse a sus dos perros al hotel, se compraron una casa de madera.

Brian Connolly también venía todos los veranos a ayudar. Normalmente se quedaba bastante tiempo, como la última vez, que estuvo 3 meses. También se mudó para estar más cerca de los lobos, de Nueva York a Oregón.

Nos paramos todos juntos en una colina del valle de Lamar y observamos a dos lobas jugando con sus cachorros bajo el sol de por la mañana. Mi vuelo transatlántico, la noche en vela y el *jet lag* se quedaron en el olvido. Todo el cansancio desapareció.

Enseguida me di cuenta de que los avistamientos de lobos en verano eran muy diferentes de los de invierno. Es más difícil encontrarlos en un pasaje marrón y verde. Sin su denso pelaje invernal, parecían más pequeños.

Mis amigos me pusieron al corriente de la situación actual de los lobos. Muchas manadas ya se habían ido a tierras más altas para seguir a los ciervos. En el valle sólo se quedaron las familias de lobos, dedicadas a la cría de sus cachorros. Más tarde, los cachorros emigrarían al interior del país junto con los adultos y regresarían al valle cuando comenzase el otoño.

Obviamente, la hora de jugar con los lobos terminó y la familia de lobos siguió su camino y desapareció. Ahora podía concentrarme en los otros cachorros. Las crías de bisonte anaranjado saltaban unas alrededor de otras, las crías de alce correteaban detrás de sus madres, y por todas partes nos encontrábamos con crías de ciervo recién nacidas que se levantaban de la hierba tambaleándose sobre sus patas. Una madre *grizzly* corría por el valle con dos cachorros. Las crías trepaban entre sus piernas y la empujaban para conseguir comida hasta que ella se arrojaba de espaldas para amamantarlas. Busqué en vano a mis favoritos, los coyotes.

Por la tarde me dirigí al Pebble Campground, el camping situado en el extremo norte del valle de Lamar. Allí, mis amigos Ray y Darlene dirigían el camping durante el verano y se ocupaban de los huéspedes. Ya me habían reservado un lugar tranquilo cerca de un arroyo. Aquí no me molestarían. Una vez más, monté la tienda y me sentí como en casa, dentro de lo que cabe en el territorio de los osos. Metí en la tienda mi bolsa de lona con la ropa, la pequeña cocina de acampada, los platos, las tazas y los cubiertos. La comida, la pasta de dientes, el jabón y todo lo que un oso consideraría «comestible», lo deposité en una caja de acero «a prueba de osos», que forma parte del equipamiento básico de todo camping, junto con una mesa de picnic con bancos de madera. En el coche, preparé un lugar acogedor para dormir con mi esterilla y mi saco de dormir. Me sentí más segura aquí por la noche, en el territorio de los osos, que en la tienda de campaña.

Tras un largo y profundo sueño, me desperté renovada por la mañana. El halo rojo del sol se alzaba tras los picos de las montañas y secaba las gotas de rocío de mi tienda. Con mi cocina de acampada me preparé el primer café. Disfruté del silencio y vi a dos cuervos caer en picado con las alas desplegadas, girando y girando, para volver a subir con ellas desplegadas. Entonces me vieron y volvieron a bajar en picado.

Se acercaron saltando. Seguramente esperaban que les diese comida, pero no lo iban a conseguir porque nunca alimento a los animales salvajes. Si dependen de los humanos para comer, es más difícil que sobrevivan. Además, la comida humana puede ser mortal para ellos.

Hoy iba a comenzar mi aventura en la naturaleza. Metí el equipo en el coche y me dirigí a Gardiner para reunirme con los participantes del «Hellroaring Wolf Base Camp». Antes, desayuné huevos, beicon y una gran taza de café en el Town Café. No habría nada tan sabroso como esto en el campamento durante los próximos días. La información previa que había recibido decía que no se podía cocinar fuera de las chimeneas oficiales por culpa de los osos.

La sede del Instituto de Yellowstone se encuentra justo antes del Roosevelt Arch, el famoso arco de piedra que marca la entrada al parque nacional. Aquí conocí a las mujeres y los hombres que iban a pasar conmigo los próximos días:

Dan Stahler era el biólogo jefe del proyecto del lobo y responsable de la parte lobuna de la expedición. Nos conocíamos desde la reintroducción de los lobos.

Angela Patnode enseñaba en la Outdoor Leadership School y era nuestra especialista de travesías. Debía prepararnos físicamente para el viaje.

Como yo, todos los demás se habían ofrecido voluntarios para esta aventura: Rick, informático, y su hija Sarah, estudiante de Políticas, de California; Don, librero, y su hijo Eric, de dieciséis años, de Kansas City; y dos amigos, Joe y Tim, ambos ingenieros aeronáuticos de Seattle.

En este variopinto grupo, los novatos eran claramente mayoría en lo que se refiere a experiencia en la naturaleza.

La teoría era lo primero en el orden del día. Estudiamos intensamente los mapas topográficos y practicamos la orientación en el terreno con la brújula.

La maravillosa Ángela nos enseñó a comportarnos lejos de la civilización.

—Aquí vivimos según el principio de no dejar huella, — nos explicaron— lo que significa que no dejamos rastro. Hasta el más mínimo resto de basura hay que volver a llevárselo.

—Ahora viene el tema favorito de Ángela: cómo cagar en el bosque —. En la cara de Dan se dibujó una sonrisa de oreja a oreja mientras miraba las caras desencajadas del resto.

Angela se arrodilla y nos muestra cómo se hace: «Con una pala pequeña, se recorta un cuadrado de unos veinte centímetros. Se vuelve a profundizar en el interior. En este agujero depositas tu «asunto». Se remueve bien con un palo y un poco de tierra para que se descomponga. A continuación, golpeamos el agujero con el palo y vuelves a poner encima el trozo de tierra excavado, y ¡*voilà*! todo como nuevo». Se sacudió la tierra de las manos y miró su trabajo con satisfacción.

Ah, sí, y en lugar de papel higiénico, la experta nos recomendó remedios «naturales» como hierba o piñas. «¡Pero cuidado! Utilizadlo siempre en la dirección correcta, de lo contrario corréis el riesgo de lesionaros», advirtió. Quienes no quisieran prescindir de su papel higiénico debían llevarlo a la civilización en una bolsa de plástico y desecharlo allí.

—¡No! —, dijo con firmeza Eric, que había seguido el procedimiento con la boca abierta —. Entonces no iré al baño.

A continuación, llegó el punto más importante de la preparación: el entrenamiento para osos. Aunque había visto osos muchas veces durante los muchos años que había pasado en Yellowstone, estaba ansioso por esta lección.

—Olvidad lo que habéis oído hasta ahora sobre subir a un árbol cuando veáis un oso pardo y huir de un oso negro o cualquier otra tontería —, nos instó Angela.

—No puedes huir de un oso, y además los osos *grizzly* son excelentes escaladores —. Un vídeo imprescindible, realizado por un biólogo especializado en osos, nos ayudó a comprender los diferentes comportamientos de los osos, cómo atacan y cómo debemos reaccionar.

—La mayoría de los ataques ocurren cuando una osa hembra es sorprendida con cachorros —, explica Angela. —Lo único que quiere es proteger a sus crías. También puede ocurrir que una osa esté defendiendo su presa. Así que intenta mantener la calma a toda costa y retrocede lentamente. Si eso no funciona y corre hacia ti, debes tirarte al suelo, con las piernas abiertas y las manos entrelazadas detrás de la cabeza. Así.

Ante la demostración de Angela, Sarah, que se había contenido hasta entonces, abrió mucho los ojos y se puso pálida, menos la nariz.

—Debes hacerte el muerto. No te muevas. El oso puede intentar mordisquearte un poco la espalda o la cabeza o darte la vuelta. En ese caso, sigue rodando sobre tu vientre. Tarde o temprano el oso se rendirá, porque no necesita defender a sus cachorros o presas contra un atacante «muerto». Permanece agachado durante un buen rato hasta que el oso haya desaparecido sin peligro, y entonces emprende una huida apresurada.

—El noventa por ciento de los ataques de oso son ataques falsos —, intentó tranquilizar Dan. —Hay que mantener los nervios y quedarse quieto. Pero si el oso va en serio, puedes defenderte con el espray para osos. Tienes que disparar ligeramente hacia abajo entre tú y el atacante. Es muy doloroso, y el oso se paraliza durante un rato.

El espray se llevaba en el cinturón y se convertiría en nuestro compañero inseparable durante los días siguientes. Ya no podíamos separarnos de él. Eric lo probó inmediatamente y se pavoneó como John Wayne delante de nosotros. Cuando el adolescente sacó el «arma» y la sostuvo en posición de disparo, todos resoplamos.

Dejamos de reírnos cuando tuvimos que ver otro vídeo en el que aparecían víctimas de osos tras un ataque. Sarah contenía la respiración ante las sangrientas imágenes y arañaba el antebrazo de su padre.

—Ahora ya sabes por qué ir solo no es bueno —, dijo Angela. —Si te quedas en el grupo, no te puede pasar nada.

Tras la pausa para comer, Dan nos dio una visión general de nuestra tarea durante los próximos días: teníamos que seguir a Wolf 392M. Llevaba un collar GPS que podía utilizarse para registrar sus paseos, incluso de noche y desde el ordenador.

392M era un macho de dos años de la manada de las cuevas, que se encontraba principalmente en la zona de Hellroaring. Queríamos averiguar de qué se alimentaban este lobo y su familia formada por once adultos y catorce cachorros.

Hasta ahora, los estudios siempre se habían realizado a finales de invierno. Con la nieve, era más fácil ver dónde habían matado los lobos a una presa. El examen de los restos había demostrado, por ejemplo, que los lobos (a diferencia de los cazadores humanos) mataban sobre todo animales viejos y mantenían así sanas las poblaciones de ciervos.

En verano aún no había sido posible realizar tales estudios. Los lobos seguían a sus presas a zonas más altas. Se dividían en grupos más pequeños y migraban a distancias más largas. Incluso desde el aire, apenas era posible localizarlos con la tecnología convencional. Esto cambió con la introducción de los nuevos collares vía satélite. Ahora era posible seguir a un lobo transmitido desde el ordenador de casa con un clic de ratón. Los biólogos capturaron al 392M en invierno y lo equiparon con un transmisor programado para activarse en mayo.

Dan quería llevarse el portátil al campamento y comprobar los datos del lobo todos los días. El 392M dejaba un rastro de puntos rojos (*clusters*) en el monitor. En todos los lugares en los que había permanecido mucho tiempo o a menudo, los puntos se agrupaban. Nuestra tarea consistiría en ir de excursión a los lugares donde el lobo había permanecido al menos dos horas para averiguar por qué lo había hecho.

Para asegurarse de que también «sobrevivíamos» físicamente a la caminata hasta el desfiladero, Angela comprobó al final del día si habíamos empaquetado correctamente nuestras mochilas: ligeras abajo y arriba, pesadas en medio. Era increíble la cantidad de equipaje que algunos querían llevar para una excursión de tres días. Don había metido en la mochila dos manuales sobre especies de aves y la geología de Yellowstone. Rick parecía temer morirse de hambre; varias raciones de comida seca y una provisión de barritas de cereales deberían alimentarles a él y a su hija durante un tiempo. Joe y Tim iban a amenizar sus tardes con cuatro latas de cerveza. Joe, un apasionado fotógrafo aficionado, también insistió en llevarse su cámara. Sólo dejó el pesado teleobjetivo en el coche.

Angela clasificó la mitad del contenido de las mochilas como «innecesario» y «se queda aquí» para la mayoría. Sólo se permitió su propia cocina de acampada para todo el grupo. Tenía que ser suficiente para hacer un café para todos, las comidas calientes estaban canceladas.

Ese fue el final de la introducción al proyecto. Me alojé en un hotel de Gardiner y por la noche soñé que atacaba a osos *grizzly*.

A la mañana siguiente nos reunimos a las nueve en punto en el punto de encuentro. El sendero hacia el río Yellowstone era una bajada pronunciada por un terreno rocoso con arbustos de artemisia que llegaban a la altura de la cintura y desprendían un olor fuerte.

Al cabo de una hora, el cielo se oscureció y, poco después, una tormenta de granizo y truenos se levantó sobre nosotros. Como no había cobertura, nos quedamos agazapados en el suelo, con las mochilas sobre la cabeza para protegernos de los granizos del tamaño de pelotas de *ping-pong*. Contemplando los relámpagos, me acordé de lo que había dicho Angela en el entrenamiento sobre osos de ayer: «En Yellowstone, mueren más personas alcanzadas por un rayo que atacadas por osos». Ayer eso tranquilizaba…

En cuanto pasó la tormenta, seguimos descendiendo por el desfiladero, empapados y con las rodillas débiles. Poco a poco, los bajos ánimos dieron paso a la euforia de haber sobrevivido. Cruzamos el bravo río de Yellowstone por un estrecho puente colgante de hierro. En lo alto de uno de los pilares de acero del puente había un nido de águila pescadora abandonado. Seguimos el río y llegamos al campamento base por una pasarela de madera. Un breve claro en el cielo bastó para montar las tiendas antes de que volviera a llover.

La comida y cualquier cosa comestible para los osos, incluida la pasta de dientes y el chicle, se guardaba en bolsas y se sujetaba con una cuerda entre dos árboles. Extremar la precaución y la limpieza eran la orden del día mientras estábamos entre osos pardos.

A pesar de nuestras piernas cansadas, los dos jefes encargados no nos dejaron ni un minuto de descanso: 392M nos esperaba. Dan cargó los primeros datos en su portátil. Con un dispositivo de seguimiento GPS, salimos en su búsqueda y, tras algunas subidas, encontramos los restos de una cría de ciervo muerta de unos cuatro días. En un formulario, el biólogo anotó la ubicación del hallazgo, el peso estimado y el sexo del joven animal. Luego repartió bolsas de plástico a todos para que recogiéramos los restos óseos. Mientras Eric se dedicaba a embolsar todos los huesos que podía «tranquilamente», Sarah se puso en cuclillas junto al cráneo roído de la cría y acarició suavemente la única oreja que le quedaba al animal. «¡Cuídate!», susurró con cara pensativa. Cuando regresáramos del desfiladero, Dan examinaría los restos de la cría de ciervo en el laboratorio y los enviaría para analizar su ADN.

Bajo la lluvia incesante, regresamos al campamento y cenamos en silencio de pie. Todos estábamos agotados de tantas emociones y experiencias. Angela había tendido una lona entre dos árboles para que al menos estuviéramos secos. No podíamos comer en las tiendas porque eso podía atraer a los osos.

Puse la ropa empapada en un montón al pie de la tienda y me metí en el saco de dormir de plumas, que afortunadamente aún estaba seco. Aquel día me había preguntado mil veces por qué me hacía esto: estaba completamente agotada y no había músculo que no me doliera. Aun así, dormí a pierna suelta, con el espray para osos, la linterna y la pala a mano por si tenía que salir durante la noche.

En la vida, hay momentos en los que ya no sirve nada. En los que sólo intentas sobrevivir, adaptarte y acabar de alguna manera con todo. Así me sentí a la mañana siguiente, cuando seguía lloviendo. El tamborileo de la lluvia sobre el techo de una tienda de campaña puede sonar romántico, pero no lo es cuando tienes que salir de tu refugio protector. Ahora estaba siendo castigada por un error de novata: sin ropa seca extra, sin bolsa de plástico para meter las cosas mojadas y, encima, con la ropa totalmente inadecuada.

Aventurarse a una excursión de varios días en vaqueros era una estupidez. Me arrastré fuera del cálido saco de dormir, me puse los pantalones húmedos y los zapatos mojados, mastiqué un pan crujiente que se había reblandecido con palitos de queso e intenté calentarme las manos en la taza de café caliente. Por suerte, la cocina de camping de Angela era suficiente para una gran ración de café para todos. Mientras Don, Eric y yo seguíamos empapados y nos costaba ponernos en marcha, los demás parecían auténticos profesionales de la acampada. Envidiaba su ropa seca y funcional.

Era inútil, había que trabajar. Poco a poco, el tiempo se apiadó, las nubes se abrieron y dejaron pasar algunos rayos de sol entre ellas.

Después del desayuno nos pusimos en marcha. Además de las frecuencias del 392M, Dan tenía en el portátil los datos de cincuenta crías de ciervo, todas ellas con un chip en la oreja. Si encontrábamos un animal de este tipo muerto, debíamos examinarlo de cerca y, si era posible, determinar la causa de la muerte. Nuestro lobo nos condujo primero hasta los huesos relativamente frescos de un ciervo adulto. Dan se puso manos a la obra. Con una sierra cortó el hueso de la pata.

—Desde luego no se murió de hambre —, Dan señaló la médula ósea que aún estaba casi completa. —Eso es lo último que se agota cuando un animal muere de hambre. Por cierto, los ciervos grandes son los primeros en caer presa de los lobos en invierno. ¿Sabéis por qué?

Nadie tenía ni idea, por lo que hubo una oleada de hombros encogiéndose. Ahora venía la parte de Angela. Los dos se pasaron los tacos como si fueran pelotas de tenis.

—Los machos tienen mucho que hacer en otoño. En el celo tienen que reunir y vigilar su harén. También tienen que defender a sus hembras de los rivales. No tienen tiempo para comer; y por último, se agotan apareándose.

Con una sonrisa, Angela continuó: «cuando las hembras están tumbadas relajadamente en la hierba y llenándose la barriga, sus machos están ocupados las veinticuatro horas del día. Por eso llegan al frío invierno muy débiles».

El sistema tiene sentido para mí. La madre naturaleza lo tiene organizado todo a la perfección: los machos, después de todo, ya no eran necesarios tras la procreación. Las ciervas, en cambio, necesitaban toda su fuerza en invierno para la nueva vida que crecía en su interior. Tras el nacimiento de las crías, se ocupaban solas de ellas. La única tarea de los tan orgullosos ciervos macho era repartir sus genes lo máximo posible.

—Como en la vida real —, comentó Rick de manera seca, lo que provocó muchas risas, aunque su hija Sarah le propinó un codazo en el costado.

Continuamos siguiendo las huellas de nuestro lobo. Disfruté de la oportunidad única de explorar la meseta de Hellroaring (el infierno rugiente). Los primeros colonos de Yellowstone dieron nombre a la zona. Probablemente en primavera, después de que la nieve se derritiera, el rugido del río sonaba como el fuego del infierno. Ahora estábamos en una meseta muy por encima de nuestro campamento. Aquí ya no había rutas de senderismo, sólo interminables praderas y estepas desérticas de artemisia entremezcladas con bellezas florales como el balsamero amarillo, el *phlox* blanco y el pincel indio rojo y naranja. Las laderas de la montaña Hellroaring estaban moteadas de todos los tonos de marrón: el marrón oscuro de los rebaños de bisontes y el marrón-beige más claro de los wapitíes. En pocas semanas el verde de la hierba se habría secado hasta volverse amarillo pálido. Era el período de los herbívoros, pero también de los grandes depredadores. Debían de sentirse como en una tierra que tiene de todo. Por todas partes encontramos huellas del milenario ritual de cazadores y presas. Restos de pieles, huesos, un cráneo de bisonte. El noventa por ciento de los nueve mil kilómetros cuadrados de Yellowstone son zonas salvajes. Envidiaba a los lobos que vivían en este hermoso paisaje.

Dan nos guio. Ahora encontramos rastros de 392M por todas partes. A partir de los datos vimos que debía de haber estado aquí poco antes. Incluso había estado en un pequeño estanque. Había muchas ranas allí. Sé que algunos lobos en

Canadá son especialistas en la captura de salmón. Pero hasta ahora nunca había oído que los lobos comieran ranas. Probablemente el macho acababa de darse un refrescante baño.

Cuando volvimos al campamento, ya era tarde. Volvimos a cenar bajo una lluvia torrencial. Los meses de verano, con sus habituales tormentas vespertinas, no son la mejor estación para hacer senderismo. Cuando se disipó la nubosidad, nos sentamos a hablar de las experiencias y descubrimientos del día. Eché de menos una cálida hoguera. Pero eso estaba estrictamente prohibido aquí por el peligro extremo de incendios forestales.

Eric estaba deseando informar en el colegio sobre su aventura en la montaña. —Estarán celosos. Es una pena que no viéramos un oso *grizzly*.

—¿Y ese que está ahí atrás? —, preguntó su padre bromeando. Todos se rieron mientras Eric se levantaba de un salto, asustado.

—Ven aquí —, gritó Dan señalando el suelo un poco más lejos. Huellas de animales. Eran grandes y difíciles de identificar.

—¡Puma! O puma o león de montaña. Las rocas detrás de ti son el hogar de pumas. Hay unos quince en el parque.

Joe se arrodilló y sacó fotos sin parar. Los demás miraban preocupados a su alrededor.

Ahora Angela estaba de nuevo en su salsa. Era el momento de su curso *¿Cómo me comporto ante un ataque de puma?*

—En Yellowstone ha habido muy pocos ataques de pumas a humanos —, nos tranquilizó. —Sin embargo, debemos permanecer juntos cuando el animal está tan cerca.

En un ataque, es importante mostrar «grandeza». ¡Grandes físicamente!

—Si ves un puma, mantente cerca del grupo. Haz ruido. Actúa de forma dominante. No te agaches, enderézate y hazte más alto. Así podrás ahuyentarlo.

Joe se levantó de un salto.

Cuando volvimos a sentarnos juntos, conté mi único avistamiento de pumas hasta el momento. Estuve observando a una madre puma con sus tres cachorros desde Hellroaring Overlook hacía unos años, en la misma zona donde acampábamos ahora. Una manada de lobos había dejado los restos ciervo y se había marchado. La hembra aprovechó la oportunidad y se comió el cadáver. Sus pequeños no eran muy mayores, su pelaje aún mostraba manchas oscuras de bebé.

Cuando regresaron dos lobos jóvenes, los pequeños felinos se subieron al árbol. Los inexpertos lobos jóvenes probablemente los vieron como juguetes. Saltaron al árbol mientras los gatitos siseaban desde arriba y extendían sus garras. Al final, los lobos perdieron el interés por el juego y se alejaron.

—Vaya. A mí también me gustaba... —, Sarah no terminó la frase y escuchó atentamente mientras atardecía. A lo lejos sonaban aullidos de lobo procedentes de numerosas gargantas. Los coyotes se unieron al coro con vocecillas chillonas. Nos giramos en todas direcciones, pero no pudimos distinguir de dónde procedían los cantos.

Todo el que oye el aullido de los lobos por primera vez en el desierto se conmueve; muchos lloran. El sonido parece tocar nuestra alma, algo profundo dentro de nosotros. Un recuerdo de una vida antigua en la que aún estábamos conectados con la naturaleza. Una mezcla de asombro, alegría y miedo se apodera de nosotros.

Disfruto cada aullido de lobo que oigo sola en la naturaleza. Sin embargo, una comunidad como esta añade otra cualidad a la experiencia. El brillo que vi en los ojos de Rick y Sarah, de Don y Eric, y de Joe y Tim, era el mismo brillo transfigurado que he experimentado una y otra vez en los participantes de mis viajes con lobos. En esos momentos siento cómo surge una profunda conexión en mi interior. Ahora sé cómo se sienten estas personas. Estoy conectada a ellos a través de los animales. Y agradezco que se nos permita compartir esta experiencia.

El día siguiente estuvo repleto de agrupaciones, posicionamientos, búsquedas de cadáveres, identificación de huesos y recogidas de excrementos. Subimos a un mirador y buscamos a los lobos de las cuevas, sin suerte. Al anochecer nos enteramos por la descarga de datos del GPS de que nuestro lobo, 392M, había pasado la mayor parte del tiempo cerca de la guarida de los cachorros. Había saciado su hambre, así que no había motivo para moverse durante los días siguientes.

El último día volvimos a subir hasta el inicio del sendero. Se respiraba un ambiente de despedida. Todo el mundo estaba absorto en sus pensamientos durante las cuatro horas de regreso al punto de partida. Yo lo llamo el «efecto salvaje», la intensa cercanía a la naturaleza cambia a todo el que pasa mucho tiempo en ella, sobre todo, cuando la creación lo abarca todo y es tan abrumadora como aquí. Añádase a eso la proximidad de grandes depredadores, que nos hace estar más en estado de alerta. ¿Quién puede escapar a esta magia?

En nuestro campamento de lobos pudimos reconocer y comprender muy intensamente las interrelaciones de la naturaleza. La fina interacción entre lobo y presa, cazador y cazado. Aquí aprendimos lo que significa conocer a los animales en su entorno natural y captar así la realidad completa. Porque habíamos entrado en su mundo, el mundo de los animales.

Al llegar a los coches, intercambiamos direcciones de correo electrónico antes de separarnos. Queríamos seguir en contacto. Esta experiencia única nos había unido en una «manada». Entramos en el desfiladero como desconocidos y volvimos como amigos. En el campamento, nosotros, personas completamente diferentes, trabajamos juntos en una situación extrema sin pelearnos, lo cual es una rareza en sí misma. No sólo nos unía la conciencia de ayudar a los lobos a través del proyecto, sino que habíamos experimentado la sensación de formar parte de la naturaleza.

Formar parte de una misión como comunidad, que es mucho más emocionante que de manera individual, fue un regalo, no sólo del desierto para nosotros, sino también de nosotros para el desierto.

Tras la pista de los grizzly

El Parque Nacional de Yellowstone era uno de mis parques nacionales favoritos mucho antes de que se reintrodujeran los lobos en 1995 y me pasaba la mayor parte del año observándolos. Ya a finales de los años setenta iba allí de vacaciones con frecuencia. Me encantaban el paisaje, los géiseres y los animales salvajes. Más tarde, trabajé como guía turística y organicé mis propias excursiones por la naturaleza salvaje del parque. Nos alojábamos en hoteles y la observación de la fauna se limitaba a lo que podíamos ver desde la carretera. En la primavera de 1986 me tomé un descanso más largo con la intención de adentrarme más en la naturaleza, hacer muchas excursiones y pasar la noche en una tienda de campaña.

Una mañana de finales de mayo, me acerqué a la puerta de entrada del parque nacional de West Yellowstone y me detuve en el puesto del guardabosques para informarme sobre el estado actual de las carreteras y los campings abiertos. Pegada a la puerta de entrada había una nota que decía: Camping Fishing Bridge: no se admiten tiendas de campaña, sólo caravanas y autocaravanas. Actividades para osos. Era un buen comienzo. Entré en la pequeña oficina y pregunté con preocupación al guarda forestal que estaba detrás de un mostrador clasificando papeles: «Acabo de leer la nota. En realidad, quería acampar y hacer senderismo aquí. Pero ahora no estoy tan segura. ¿Cuántos osos ha visto últimamente?».

—Bueno, yo personalmente he visto nueve desde abril. Por supuesto, no puedo jurar que fueran nueve osos diferentes, pero todos eran osos *grizzly*. Uno era un gran macho que pesaba trescientos kilos. Uno era una hembra de unos 150 kilos con cachorros gemelos. No incluí a los oseznos entre los nueve. Otro era un adolescente, tal vez cien kilos. Creo que sé diferenciarlos.

—¿Son peligrosos? —, pregunté inquieta.

—Mucho. El problema con un oso *grizzly* es que no puedes predecir lo que hará. Así que no sabes cómo comportarte. Si es mejor estar a favor o en contra del viento, si el ruido les asustará o simplemente les irritará, si debes hablarles, retroceder despacio o subirte a un árbol. La mayoría de las veces, se apartan al ver a la gente hagan lo que hagan. Pero se sabe que en ocasiones los osos atacan a la gente siguiendo todas las tácticas que te he mencionado. Y pueden matarte y comerte.

—Alguien me ha dicho que debería llevar cascabeles en la mochila para ahuyentarlos. ¿Es una buena idea?

—No lo sé. Puede que los cascabeles les den hambre. Algunos dicen que los osos han aprendido a asociar el tintineo con la comida.

Había aprendido a distinguir un oso *grizzly* de un oso negro durante mis estancias en las zonas salvajes de Norteamérica. Los osos negros son oscuros y más pequeños que los *grizzly*, que se reconocen sobre todo por su enorme joroba en el hombro. Hasta aquí el curso intensivo. Como supe más tarde, la distinción entre los osos de Yellowstone no era tan sencilla: había osos negros, que eran grandes, marrones y a veces incluso de color canela. Y también había osos *grizzly* pequeños y negros. A menudo sólo se podía ver la diferencia cuando se estaba lo bastante cerca. No quería confiar en eso en una excursión. Buscaba seguridad.

—¿Es posible distinguir entre osos negros y osos pardos por sus excrementos?

El guardabosques sonrió, se inclinó sobre el mostrador y susurró en tono de conspiración: «Sí, puedes. Hay cascabeles en los excrementos de los osos pardos».

Sonrojada, miré a mi alrededor y me alegré de seguir siendo la única turista en la oficina. Más tarde supe que la única forma de distinguir claramente entre las dos especies de oso es con una prueba de laboratorio.

—¿Así que ibas a aconsejarme no ir de excursión en territorio de osos *grizzly*?

—No, no lo creo. En cuanto a los riesgos, hacemos cosas más peligrosas cada día de nuestras vidas. Lo más probable es que ni siquiera veas un oso. Y si lo haces, probablemente no sabrás cómo reaccionar. Nadie lo sabe. El Servicio de Parques tiene que decirte algo para protegerse de las reclamaciones por daños si ocurre algo. Así que te recomienda que te subas a un árbol o te alejes en silencio. Hazte el muerto para convencer a una madre osa de que no harás daño a sus oseznos. Pero seamos realistas: para cuando encuentres un árbol al que subirte, probablemente ya sea demasiado tarde, pero al menos el Servicio de Parques puede decir que estabas avisada.

—Entonces sería estúpido caminar en territorio de osos *grizzly*.

—Bueno, no es más estúpido ni más arriesgado que conducir un coche por la autopista. Pero es malo para los osos *grizzly*. Necesitan el campo. Cada vez que hay un ataque, lo más seguro es que se acabe matando a un oso. A menudo ni siquiera es el culpable, y si lo es, puede que le hayan provocado para atacar, no lo sabemos.

¡Tendría que haber otro puñetero oso que no fuera tan peligroso!

—¿Y los osos negros?

—Tenemos entre quinientos y seiscientos osos negros y entre trescientos y seiscientos osos *grizzly* aquí en Yellowstone. Ambas especies son impredecibles y a menudo reaccionan según su estado de ánimo. Los que conocen a los osos probablemente sepan de qué humor están. Pero el resto de las personas no tiene forma de saberlo.

Le di las gracias y me pregunté qué le habría llevado a ponerse del lado de los osos.

Esa noche acampé en el camping Madison Después de cenar, paseé a lo largo del río Madison. Aquí, el 7 de agosto de 1959, el terremoto de Hebgen-Lake, de magnitud 7,5, destruyó y cambió radicalmente la geografía del parque. Las montañas se desmoronaron, aparecieron lagos donde antes no los había y subió la temperatura de las fuentes termales. El seísmo abrió una fisura en la corteza terrestre de la que brotaron trescientos géiseres que arrojaron al aire rocas muy pesadas. Cerca del lugar por el que yo caminaba, fuertes ráfagas de viento arrastraron a seis miembros de una familia al río, donde fallecieron. En pocos minutos habían muerto más personas que las que jamás habían matado los osos *grizzly* en el parque.

Me hice con un montón de mapas de Yellowstone y del cercano Parque Nacional de Teton y mi nuevo ritual diario era utilizar los mapas para planificar una actividad para el día mientras tomaba el café de la mañana. No quería ir a prisas en mis vacaciones. En los días siguientes, recorrí los senderos de los géiseres, holgazaneé en el vestíbulo del histórico Old Faithful Lodge con un capuchino y un helado Rocky Road (helado de chocolate mezclado con nueces y malvaviscos), y observé cómo el «viejo fiable» géiser entraba en erupción puntualmente bajo los gritos (sí, gritos) de la multitud. Me senté al borde de las vastas praderas y observé ciervos, antílopes, bisontes y un enorme alce macho. En una excursión de rafting bajé el río Snake en una barca hinchable, donde vi águilas calvas, águilas pescadoras, cisnes trompeteros y grullas canadienses. Algunas tardes me posaba en una roca en la orilla de uno de los muchos lagos con la cámara lista para disparar, esperando y temiendo al mismo tiempo ver un oso *grizzly* venir a beber o a pescar. Pero no hubo suerte. Quizá los osos seguían hibernando, o quizá les molestaban los turistas y se quedaban en el interior.

El Parque de Yellowstone está lleno de peligros, todos los años muere alguien allí. Se abrasan al acercarse demasiado a los géiseres, se queman en las fuentes termales o se caen por los acantilados. Algunos son arrastrados por cascadas, golpeados por árboles que se caen, corneados por bisontes o pisoteados hasta la muerte por alces. Muy rara vez un oso *grizzly* ataca o mata a alguien. Sin embargo, el oso *grizzly* sigue siendo el símbolo del peligro, la criatura a la que hay que temer. Los osos pueden aparecer en cualquier lugar frecuentado por humanos: campings, rutas de senderismo o zonas de picnic.

A pesar de la postura firme del guardabosques de que las zonas más alejadas deben reservarse exclusivamente para los osos *grizzly,* no me conformé con limitarme a los atractivos turísticos del recorrido del parque, que conecta los lugares de interés en forma de ocho tumbado y decidí pasar un día de excursión en el interior, aunque tuviera que ir sola.

Y ahí estaba otra vez: en la entrada del sendero había un cartel que advertía de que recientemente se habían visto osos por aquí. Se aconsejaba a los excursionistas caminar en grupo y hacer mucho ruido. Recordé las palabras del guardabosques de que no había forma de saber si el ruido asustaría o molestaría a los osos. Decidí correr el riesgo. Cuando me senté en el suelo para ponerme las botas de montaña, vi que una mujer se abrochaba los cordones a unos veinte metros.

—¿Estás sola? —, pregunté.

—Bueno —, dijo, mirando a su alrededor y sonriendo. — Eso parece.

—¿Quieres que vayamos juntas o prefieres seguir sola?

—No, me gustaría un poco de compañía —, señaló a la señal de advertencia por los osos.

Mi nueva compañera de excursión se presentó como Patty. Empezamos a caminar juntas y congeniamos enseguida. Patty daba clases en una facultad de medicina de Colorado. En la universidad había recorrido un tercio del Pacific Crest Trail con otra mujer. Hacía tiempo que el PCT me llamaba la atención y lo tenía en las primeras posiciones de mi lista de cosas pendientes. Quizá porque las dos habíamos hecho la ruta solas, hablábamos mucho y nos contábamos los acontecimientos más importantes de nuestras vidas. Hablamos de religión, de política y de hombres. Ella me habló de la operación de baipás de su padre, yo le conté la reciente muerte de un buen amigo.

Entonces llegamos a una señal que advertía de no continuar más allá de este punto: Cerrado por la presencia de osos. Normalmente, «presencia de osos» es un eufemismo para referirse a un comportamiento agresivo de los osos, incluso un ataque o similar. Ninguno de nosotras tenía ganas de ir más allá. En su lugar, preparamos un picnic. Nos sentamos en el tronco de un árbol caído y comimos lo que nos quedaba, sin perder de vista los alrededores.

Me pregunto si un oso podría oler nuestra comida. Dicen que tienen un olfato muy agudo. ¿Eso era un crujido? ¿Habrá algo detrás de los árboles? Miré a mi alrededor sin parar. En la naturaleza percibimos las cosas de otra manera. Nada agudiza más nuestros sentidos que la idea de que la vida de uno puede depender de un sonido, un olor o un movimiento que notamos por el rabillo del ojo. Probablemente sea una capacidad que se manifiesta de nuestro subconsciente evolutivo a la superficie civilizada.

Patty también dejó de masticar y miró a su alrededor. «Todo bien», dijo. En el momento en el que expulsé el aire que había aguantado me di cuenta de lo tensa que estaba.

—Por cierto, ¿sabías que en nuestra sociedad las mujeres y los hombres sienten el miedo y reaccionan ante él de forma diferente? —, me preguntó Patty.

No lo había pensado antes. Nunca había visto el miedo como algo propio del género.

—Las mujeres lo experimentamos más a menudo. El poder social y físico de los hombres sobre nosotras es nuestro legado histórico. El miedo es una especie de radar. Cuando una mujer camina sola por la ciudad de noche o abre la puerta a un desconocido, hace una evaluación rapidísima y reacciona en consecuencia. No se trata de vencer el miedo, sino de entrenar nuestra percepción para que podamos reconocer y evitar a tiempo el peligro real. Es una especie de inteligencia callejera.

—¿Y de qué me sirve eso en un encuentro con un oso? —, pregunté.

—Como mujeres, llevamos con nosotras esta carga emocional cuando nos adentramos en la naturaleza. Nos enseñaron que un hombre va al bosque para poner a prueba su valentía, escala montañas, rema por los rápidos y mata osos. Una mujer no va al bosque para enfrentarse a su miedo, sino para escapar de él. Recoge bayas, setas y hierbas. Cuando imagina una cabaña de madera para vivir, ve imágenes de un huerto y jardineras fuera de las ventanas. Lo que no ve es la cornamenta de ciervo sobre la puerta de entrada ni el revólver que debe llevar siempre consigo cuando vaya a recoger bayas al territorio de los *grizzly*. Pero por mucho que desee estar en la naturaleza, una vez allí vuelve a encontrar a su viejo compañero: el miedo. Así que una mujer fija su radar en el hombre psicópata y salvaje, y la otra en el oso enfadado.

—Bueno, entonces prefiero al oso enfadado —, dije. Patty se rio. Sacó una chocolatina de su mochila y la compartió conmigo antes de que nos pusiéramos en marcha y volviéramos al coche. Al final del camino, intercambiamos direcciones y nos prometimos que volveríamos a caminar juntas algún día, quizá incluso por el PCT.

Cuando volvía a mi camping esa noche, vi varios coches aparcados en el arcén y un pequeño grupo de turistas señalando algo. Antes de salir del coche, divisé un oso enorme en una colina. No tuve ningún problema en identificar claramente al animal como un oso *grizzly*: musculosa joroba en los hombros, pelo plateado en punta. Su tamaño y la ausencia de oseznos indicaban que era macho. Durante cerca de una hora lo observé escarbar en el suelo, dar la vuelta a rocas enormes con sus poderosas garras y buscar raíces sin descanso. Era difícil imaginar que pudiera haber algo que lo distrajera de su búsqueda de comida.

Observar a un depredador tan imponente y potencialmente peligroso a una distancia de sólo unos cientos de metros aumentó mi admiración por la naturaleza salvaje. Este podría haber sido «nuestro» oso, al que habíamos temido durante la excursión.

Cada vez que la gente me pregunta cómo es acampar o hacer senderismo en el territorio de los osos, me acuerdo de este *grizzly*. Mientras estoy montando la tienda, caminando por un sendero o preparando la comida en una cocina de gas, normalmente solo pienso en lo que estoy haciendo, bueno, si es que pienso en algo. Aquella tarde, la primera vez que observé a un *grizzly* cavar, sentí lo que llegué a llamar «pensamiento de oso». Estaba tan atentamente concentrada en la excavación del oso *grizzly* como él en su búsqueda de comida. Ambos estábamos preocupados por la vida. El oso estaba recogiendo los nutrientes necesarios para engordar lo suficiente como para pasar el duro invierno y yo, por mi parte, estaba obteniendo otro tipo de nutrientes que yo llamo «alimento salvaje».

Me había dado cuenta de que también se puede ver a un oso de otra manera. Que no tiene nada que ver con nosotros, que vive su vida enteramente para sí mismo y para los de su especie, sin ninguna obligación de enseñarnos nada. Eso fue muy liberador. «Ten cuidado, hay osos ahí fuera». Cuántas veces había oído esta advertencia en diferentes variantes de familiares y amigos antes de volar a Yellowstone. Pero nadie me advirtió de los peligros más evidentes para mi seguridad. Al fin y al cabo, hay «coches ahí fuera», aunque el subidón de adrenalina de subir a la autopista es considerablemente menor que el de saber que podría encontrarme con el mayor depredador que vaga por la naturaleza salvaje. Todo lo que hace falta es una señal al comienzo de una ruta de senderismo: «Atención, peligro por osos: se han avistado osos *grizzly* en esta ruta».

Los excursionistas, campistas y cualquiera que viaje al territorio de los osos debe seguir unas cuantas normas básicas. Hay tres cosas que nunca debes hacer cerca de un oso: sorprenderlo, acercarte demasiado a su comida e interponerte entre una madre y su osezno.

Esto último me ocurrió una vez sin querer en Minnesota. En 1991, acababa de mudarme a casa de un amigo y vivía con él en una cabaña en el bosque, en plena zona de lobos y osos. Una mañana me dirigí a pie al buzón, que estaba a ocho kilómetros por la carretera. La caminata y el silencio del bosque eran una distracción tranquilizadora del duro trabajo de la vida en la cabaña. De repente, vi que algo oscuro se acercaba a mí. El cachorro de oso negro estaba tan ocupado olisqueando todos los excitantes aromas del sendero que ni siquiera se fijó en mí. Observé la bola de pelo con admiración y al mismo tiempo me preocupé por su madre, que seguramente estaba cerca. De repente oí un bufido detrás de mí y por el rabillo del ojo vi a una majestuosa osa levantarse sobre sus patas traseras para captar el olor. Estaba atrapada entre mamá osa y su osezno, que por fin también me había visto. Antes de que pudiera pensar en una estrategia de defensa, sonó un breve bufido de la osa y ambas huyeron hacia los arbustos en un santiamén. Sólo se oía el crujido de las ramas mientras la familia de osos negros huía del monstruo humano. Hasta ahora no me había dado cuenta de lo mucho que me temblaban las rodillas en ese momento y me alegro de que este encuentro directo hubiera terminado bien.

En otro incidente en Yellowstone en 1997, pude ver en primera persona la fuerza que puede tener un oso negro. Por la radio oí un mensaje de los guardas informando de un «percance con osos». En el aparcamiento de Tower Falls, una osa negra y sus dos oseznos estaban destrozando un coche. El conductor del coche había ido caminando hasta el mirador para fotografiar las cataratas. Por la mañana, había atropellado a un ciervo, algunos trozos de carne del cadáver probablemente seguían colgando en la rejilla del radiador y en el parachoques, ahora probablemente algo caliente. Los osos se habían sentido atraídos por el olor de la carne. Mientras los oseznos se subían al coche y arrancaban el parachoques, la osa rompió la ventanilla, enganchó las patas en el borde superior de la puerta y hundió la chapa como quien abre una lata de sardinas. Luego metió su cuerpo ancho dentro del coche y sacó todo lo que consideró «comestible», como mochilas, latas de Coca-Cola y barritas de cereales. Cuando el conductor finalmente se acercó y trató de ahuyentar a los animales gritando en voz alta, la osa madre se puso agresiva y atacó. Corrió amenazante hacia el hombre, pero se apartó justo antes de que a él le diera tiempo de moverse a cualquier parte. Mientras tanto, más turistas se juntaron alrededor y gritaban a los osos. La osa corría furiosa entre sus oseznos y los humanos. Finalmente, los guardas llegaron y lanzaron petardos al aire, que ahuyentaron a los animales.

—Me pregunto qué le dirá a su compañía de seguros —, dijo uno de los que estaban entre la multitud observando, y el resto se rio. A mí, en cambio, no me salió reírme. La fuerza con la que la osa había irrumpido en el coche y la furia con la que había atacado al dueño del vehículo me habían asustado.

El amor de una madre osa por sus oseznos es legendario. En este caso, a mamá osa negra la habían desafiado y enfadado varias veces: vio a sus oseznos en peligro, la perturbaron mientras comía y los turistas la enfadaron.

Yellowstone solía ser el paraíso indiscutible para los observadores de osos. A finales del siglo XIX, dar de comer a los osos era más popular entre los turistas que ver los géiseres. Los hoteles del parque llevaban su basura a vertederos abiertos. Bajo la supervisión de un guarda armado, cientos de turistas observaban cada noche cómo los *grizzly* escarbaban entre los restos de la basura de los hoteles. Las peleas ocasionales entre los osos añadían cierta emoción. También se daba de comer a los animales desde el coche. En fotos antiguas se puede ver a tres fisgones asomados a las ventanillas de los coches de los turistas. Se había creado un ejército de «asaltantes» cuadrúpedos, y los visitantes les dejaban comer de sus manos. Que esto tuvo consecuencias está claro. Los osos «domesticados» arañaron o mordieron a bastantes turistas. Todo eso se acabó cuando se prohibió dar de comer a los osos en 1970, se enterró el montículo de basura y se instalaron contenedores a prueba de osos.

Aunque en las entradas del parque hay carteles por todas partes con instrucciones sobre cómo comportarse en el territorio de los osos, muchos visitantes no piensan en los peligros. Muchas veces la gente tira la basura al suelo, en cualquier parte. Cualquier trocito de comida atrae a los animales: osos, coyotes o ardillas. Todos se comen la comida humana. Si se acostumbran, pueden convertirse en una amenaza o incluso suponer un peligro para ellos. El resultado final es una carnicería. Un animal alimentado es un animal muerto.

¿Los osos son grandes, peligrosos e intrépidos? No.

Los osos son sólo osos. Sus vidas están llenas de peligros y hay tres cosas que les asustan, sobre todo: otros osos, lo desconocido y las personas. Cualquier visión, sonido u olor extraño o repentino puede alertar al gran oso y hacerle salir corriendo. He visto osos asustados por tormentas eléctricas, *grizzly* que se sobresaltaban con cada trueno fuerte y huían al bosque cuando se ponía demasiado violento para ellos.

Cuando voy de excursión a la zona de los osos, soy consciente en todo momento del peligro potencial al que me expongo. En campo abierto, puedo ver a los osos desde lejos, y ellos pueden verme a mí. No pasa nada. Pero cuando camino a través de la artemisa que me llega hasta la cintura o me acerco a la cima de una colina, se me eriza el vello de la nuca porque no tengo ni idea de qué o quién viene hacia mí.

En otoño de 2005, me llegó el «momento de la verdad» que había estado temiendo durante tantos años: me atacó un oso *grizzly*.

Tras unas largas vacaciones de investigación y exploración en Yellowstone, me dirigí a Bozeman para volar a casa. Como aún tenía tiempo, no tomé la ruta directa por Paradise Valley de camino a Livingston, sino que opté por los desvíos más pintorescos por la salida oeste hacia el norte, pasando por el lago Hebgen y a lo largo de la cordillera Madison. Cuando vi el anuncio del café del que ya había bebido varias tazas esa mañana, me desvié por un camino de tierra y seguí una señal hasta una zona de picnic. Sólo había dos mesas de madera con bancos. Un arroyo balbuceante me recordó la urgencia y me adentré un poco en la espesura (sin hacer caso a mi propio consejo de llevar siempre, SIEMPRE, espray de pimienta). Al fin y al cabo, estaba «a la vuelta de la esquina».

Lo había terminado todo y estaba a punto de emprender el camino de vuelta, cuando de repente y sin el menor ruido la poderosa cabeza de un oso *grizzly* apareció entre los arbustos a unos cincuenta metros delante de mí. Se me paró el corazón. El oso *grizzly* inspiró sin moverse y me observó con unos ojos pequeños y brillantes. Esa mirada del oso directamente en mi cara me hizo sentir que este era mi final. Mi mente estaba en blanco, sólo estábamos el oso y yo. Me sentía indefensa ante el monstruo de enormes garras. No sabía qué hacer. Sólo quería escapar. El hecho de que, a pesar de todo, mis piernas recibieran la orden de parar fue gracias a mi experiencia y a las numerosas conversaciones con biólogos y expertos en osos, así como al curso sobre osos de Angela Patnode, que había seguido el año anterior como preparación para el Campamento Base del Lobo. Oía la voz de Angela en mi cabeza: «No puedes dejar atrás a un oso». Sabía que aquel *Ursus arctos horribilis* (el término «*horribilis*» daba en el clavo en aquel momento) sería sin duda más rápido que yo y que huir también habría provocado que me atacara. Igual que si hubiera pedido ayuda, si es que alguien me hubiera podido escucha. El espray de pimienta... estaba en el coche. Mi corazón latía más rápido de lo que creía posible. Podía escuchar cómo la sangre fluía por mi cuerpo.

El *grizzly* se levantó sobre sus patas traseras hasta alcanzar su imponente tamaño. No me quitó los ojos de encima y olfateó en mi dirección. Luego se tiró al suelo con las patas delanteras y cargó contra mí, a veces golpeando el suelo con fuerza con la pata derecha, a veces con la izquierda. Oí un gruñido y cómo chocaban sus dientes, una clara advertencia. Todo sucedió a cámara superlenta ante mis ojos.

Todos conocemos el miedo. Es algo intrínseco en la vida. En caso de peligro, tenemos que reaccionar al instante y hacer una valoración rapidísima: ¡Atención, peligro! Las hormonas del estrés se liberan en milisegundos. El pulso, la presión sanguínea y la frecuencia respiratoria aumentan. Los músculos están más irrigados de sangre. Estamos preparados para huir o luchar.

Ya no estaba preparada para nada. Lo único en lo que podía pensar era en que menos mal que acababa de vaciar la vejiga. El resto de mi cerebro ya no funcionaba. Así es cuando mueres. Por favor, Dios, que sea rápido y que no duela.

Tal vez el oso *grizzly* estaba molesto porque me había quedado parada. O quizá sólo quería dejar claro que éste es su territorio y que no tolera a los intrusos. Fuera cual fuera el motivo, se dio la vuelta a unos dos metros delante de mí y se alejó gruñendo, no sin mirarme cada pocos metros.

Una vez pasado el peligro, me quedé sin fuerzas. La tensión huía de mi cuerpo como el aire de un globo. Las rodillas me temblaban sin control, tuve que sentarme. En toda mi vida nunca me había sentido tan increíblemente vulnerable, perdida y totalmente vendida. Sentí un maremoto de emociones dentro de mí: desde sollozos incontrolables hasta susurros histéricos dándole las gracias al oso.

No sabes cuánto tardé en recomponerme y volver corriendo al coche. Para tranquilizarme, pero también para que el oso supiera que seguía allí si estaba cerca, me hablé en voz alta: «¿Ha habido suerte? No, ¿verdad? Aquí fuera, en la naturaleza, no hay suerte. O mueres o sobrevives. Yo estaba en el lugar equivocado en el momento equivocado ... Mierda sucede ... Lo siento, oso, te asusté. No es tu culpa. Ahora, por favor, aléjate hasta que llegue al coche». Murmuré para mí misma, tratando de dar a mi voz un tono firme y seguro.

No informé de esta experiencia a los guardas ni se lo conté a nadie en aquel momento. Este miedo puro y las emociones asociadas a él eran algo tan íntimo que quería guardármelo para mí. Sin embargo, después vi la naturaleza (y mi forma de afrontar el miedo) con otros ojos. Perdí el «pequeño» miedo constante en el momento en que el oso grizzli corrió hacia mí y me enfrenté al verdadero «gran» miedo. El peligro que superé me mostró lo vulnerable que soy como ser humano. Y me recordó lo especial que es estar vivo.

Caminar tras las huellas de los *grizzly* también significa conocer el miedo: un tipo de miedo que puede estimularnos. Es el miedo a lo desconocido, a la muerte. No se trata de vencer el miedo, sino de conocerlo y estar dispuesto a vivir con él. Encontraremos este miedo una y otra vez en nuestras vidas. Y no podemos huir de él, sino que debemos aceptarlo, incluso aprender a apreciarlo.

—Hoy vamos a hacer una excursión de un día entero en plena naturaleza —, anuncié a los participantes en uno de mis viajes para observar lobos. Llevábamos días observando lobos y también habíamos visto algún que otro oso. Pero había llegado el momento de ponerse serios. Quería ir de excursión con ellos al recinto de Rose Creek, en lo alto de las montañas. Allí se instalaron en 1995 los primeros lobos canadienses, que luego fueron puestos en libertad. Era el único recinto de aclimatación que seguía en pie. El camino atravesaba el territorio de los *grizzly*. De entrada, di instrucciones a los entusiasmados participantes de mi grupo sobre cómo comportarse: hablar o cantar en voz alta durante la excursión, y NUNCA huir en caso de encuentro con un oso, sino quedarse quietos.

Harald, un mecánico de coches corpulento y fornido, no sólo estaba asustado, sino aterrorizado por la excursión, pero tenía muchas ganas de acompañarnos. Por «seguridad», se había aprovisionado de cascabeles para osos. Se los había atado a los tobillos y a las manos y los había sujetado a su mochila. A pesar de esta evidente molestia sonora para todos nosotros, casi no se atrevía a dar un paso. Con auténtico pánico en los ojos, no paraba de darse la vuelta. Para calmarle, le llevamos al centro del grupo, donde estaría rodeado por el resto de excursionistas, aprovisionados con espray para osos. Parecía demasiado peligroso darle a Harald un espray repelente. Ninguno de nosotros pudo disfrutar de la caminata ni de las vistas. Al final, estábamos tan molestos por el tintineo que le amenazamos con abandonarle en medio del territorio de los osos *grizzly* si no se quitaba los cascabeles.

El miedo forma parte de la vida. Todos tenemos miedo de algo y eso es bueno, porque sin él no podríamos sobrevivir. El pánico irracional, sin embargo, nos perjudica porque ya no podemos pensar con claridad una vez que se apodera de nosotros. Si sólo nos centramos en lo malo que pudiera ocurrir hipotéticamente, nos perdemos lo bueno de vivir.

He estado en muchas situaciones potencialmente peligrosas en mi vida. Como auxiliares de vuelo, nos formaron para reaccionar correctamente en situaciones peligrosas. En Lufthansa, en la década de 1970, trabajábamos constantemente bajo la amenaza de un posible secuestro de avión, que se hizo realidad en 1977 con el secuestro del Landshut con destino a Mogadiscio. Cómo reaccionar correctamente durante los secuestros formaba parte de nuestra formación. Más tarde, cuando trabajé como intérprete de temporada a bordo de vuelos de la aerolínea estadounidense Northwest Airlines, los avisos sobre terrorismo eran bastante frecuentes.

La vida en la naturaleza salvaje también puede ser peligrosa. Puedo resultar herida o incluso morir a manos de un animal salvaje al que sorprenda. En una excursión por la montaña, podría perderme o caerme por un precipicio. Puedo morir congelada a veinticinco grados bajo cero. En Yellowstone, estoy sentada sobre un supervolcán inactivo cuya próxima erupción lleva varios miles de años de retraso. Las consecuencias serían catastróficas para el clima mundial. Siempre me han aconsejado que evite ir allí porque podría ser peligroso. ¿Pero adónde deberíamos ir hoy en día? ¿Dónde no nos amenazan las catástrofes naturales? Tsunamis, volcanes, terremotos, incendios. Las guerras pueden estallar de repente en cualquier parte. Por no hablar de los peligros invisibles en nuestro entorno, que podemos experimentar ahora mismo a través del coronavirus. El mundo es un lugar peligroso. ¿Debemos quedarnos en casa para que no nos pase nada? ¿Emigrar? ¿Huir? Y en ese caso, ¿a dónde? No hay ningún lugar seguro en el mundo. ¿Por eso queremos morir o preferimos disfrutar de cada momento y de la naturaleza? Sí, el volcán bajo Yellowstone entrará en erupción algún día. Mañana o dentro de diez mil años. Pero hasta entonces, disfrutaré de mi tiempo aquí.

Si dejara que el miedo me impidiera exprimir mi propia vida, no tendría más remedio que quedarme en casa en el sofá. Porque incluso en la supuestamente segura Alemania, ya no podemos salir a la calle (si creemos a los medios de comunicación) porque los lobos y los osos también acechan allí. Y, sin embargo, es mucho más peligroso pasear al perro por un prado de vacas que por un bosque donde hay lobos.

Me encontré con lobos, osos, alces, serpientes y otros animales salvajes. Todos ellos intentaron huir de mí. Rara vez he sentido verdadero miedo en la naturaleza, salvo en mi encuentro en primera persona con un oso *grizzly*. Tengo más miedo cuando estoy en una gran ciudad por la noche. La criatura más peligrosa de todas es el hombre.

¿Cómo lidio ahora con mis miedos cuando estoy en la naturaleza? Lo respeto, lo reconozco como un amigo que está a mi lado y me alerta de posibles peligros. En las excursiones, me preparo lo mejor que puedo. En territorio de osos llevo espray de pimienta en el cinturón, hago ruido y camino por donde me puedan ver mejor (como en praderas abiertas, no en los lindes del bosque donde les gusta merodear a los osos). Y si es posible, no hago senderismo sola.

«Presta atención a lo que sientes», me dijo una vez un guardabosques. «Confía en tus instintos, en tu voz interior». Yo lo hago, y presto atención a si algo me parece «bien». Es un instinto de supervivencia, aunque estoy segura de que, en una emergencia real y yo sola, no podría sobrevivir mucho tiempo. Si me abandonaran en algún lugar remoto, estoy segura de que moriría en menos de un mes, probablemente de hambre, hipotermia o infección. Y, sin embargo, es allí donde me siento más viva.

Para enfrentarnos a nuestros miedos, no hay mejor lugar que la naturaleza, donde nos reconciliamos con su curso normal.

Hace unos años fui de excursión con mi amigo Jack al Valle de Lamar, en Yellowstone. Quería enseñarle los lobos.

Algo oscuro se movió en la ladera de la montaña frente a nosotros. El corazón me dio un vuelco, pero guardé silencio. Unos instantes después reconocí la imagen completa: cuerpo color chocolate, patas oscuras, cabeza y cara color miel, esa inconfundible joroba.

Jack obviamente no lo había visto todavía. Le di un codazo. «¡A las diez!», le dije.

Miró en esa dirección.

—En el límite del bosque, a la derecha del árbol en forma de cono. Lo que se mueve entre los árboles.

Jack localizó al animal con los prismáticos, su cuerpo se tensó y volvió a relajarse. Inspiró profundamente. «¡Un grizzli!», dijo asombrado.

El oso se fue río abajo, husmeando aquí y allá. Se detuvo en un largo tramo de orilla y se dedicó a comer arándanos. Los cogía de los arbustos mientras movía la cabeza de un lado a otro.

Más abajo corría el afluente de un río. Enfocamos el catalejo hacia la grava de la orilla, a no más de doscientos metros del oso *grizzly*. El viento soplaba río abajo, entre nosotros y él; la grava de la orilla formaba un montículo que llegaba hasta el centro del río. El oso no podía olernos y estábamos fuera de su visión.

Al *grizzly*, sin duda uno de los más grandes que había visto en Yellowstone, no le preocupaba lo que ocurría a su alrededor. Arrancó una planta y trotó hacia la siguiente. A través del catalejo, pude ver cómo se relamía la boca. Su barriga colgaba bastante (obviamente había sido un buen año de alimentación para él). Aun así, estaba planeando engordar más para la larga hibernación que le esperaba. Por su cara de satisfacción, se veía que estaba disfrutando de la comida.

Por un momento, aparté los ojos del oso y miré río arriba hacia el valle que se extendía y las montañas que se elevaban hacia el cielo azul oscuro. En ese momento, supe más firmemente que nunca que el objetivo de mi trabajo en Yellowstone no eran sólo los lobos, los bisontes o los osos. Había encontrado un refugio en esta naturaleza salvaje. La inmensidad del paisaje y el majestuoso depredador que tenía ante mí me dejaron sin aliento. Una sensación de eternidad se apoderó de mí.

Observamos al *grizzly* durante un buen rato. Cuando amaneció, tuvimos que despedirnos. Fue duro dejar al oso. No nos miró, ni miró a su alrededor como hacen los demás animales cuando tienen que cuidarse de los depredadores. En la cima de la cadena alimenticia, era un animal con una confianza grandiosa. Nos pusimos en marcha. Cuando volví la vista hacia él por última vez, tenía la cabeza hundida entre los arbustos de arándanos.

Los encuentros con osos, lobos y otros animales salvajes en la naturaleza son un regalo para mí. También incluye la noción de que puedo morir si no respeto sus reglas. A través del peligro y el miedo que encuentro siempre, me siento tremendamente viva y me doy cuenta del valor que tiene la vida. La experiencia de situaciones intensas y la capacidad de dominarlas son una confirmación de mi propia fuerza vital.

La tierra de los bisontes

Nació una mañana de primavera y yacía exhausto en la hierba mientras su madre lo lamía con ansia y lo liberaba de los restos del nacimiento. Era de color naranja brillante, casi rojo. Para los lobos y otros depredadores, bien podría haber sido un letrero de neón en la naturaleza parpadeando «comida». Pero la evolución se había ocupado de él de otra manera. A los pocos minutos de nacer, el pequeño bisonte podía ponerse de pie; en una hora ya caminaba. Mojado e inestable, intentó levantarse una o dos veces antes de ponerse en pie al tercer intento. Se quedó de pie mientras su madre seguía limpiándole, tan atenta y orgullosa como una madre humana sacaría un pañuelo húmedo el primer día de colegio de su hijo. Se agachó bajo ella y encontró la ubre, la chupó como si lo hubiera hecho más veces, y la leche caliente le llenó la boca.

La naturaleza le hizo otro favor al proporcionarle compañía. Todas las crías nacieron tras nueve meses de gestación, en los cálidos meses de abril y mayo. Los recién nacidos y las crías jóvenes llenaban su mundo hasta donde alcanzaba la vista. Algunas de las crías de un año, que ya se estaban volviendo marrones con una raya oscura en el lomo, saltaban entre altramuces púrpuras y raíces de balsamorhiza, bailando entre ellas con alegría. Por todas partes pastaban bisontes adultos: hembras preñadas, madres lactantes y algunos grandes machos con enormes jorobas, un ejército de protectores.

El pequeño bisonte miraba fascinado a su alrededor y se vio dando tumbos en medio de la multitud. Absorbió los olores, las imágenes y los sonidos. El ambiente se llenó de los gruñidos de otras madres llamando a sus terneros descarriados. Fascinado por su propia agilidad y por el entorno, se alejó cada vez más hacia el borde de la manada. Se acercó a un bisonte macho de 450 kilos, lo olfateó y le dio un golpecito con la nariz. El macho reaccionó con total indiferencia. En ese instante, mamá bisonte estaba al lado de su cría y se la llevó de vuelta. Tranquilo, se acercó a sus patas delanteras, preparado para mamar de nuevo.

Aquella tarde, la primera, el pequeño bisonte, tentado por olores cada vez más nuevos, se perdió una vez más cuando la gran masa marrón que le rodeaba giró de repente y se alejó lentamente. Varios machos con enormes cabezas y jorobas montañosas se le echaron encima. No tuvo más remedio que dejarse llevar por la poderosa marea que le rodeaba. El aire se llenó de gruñidos y rugidos estridentes, miles de cascos levantaban polvo. Escuchó en vano la llamada de su madre. El paso se aceleró y sus piernas pronto temblaron de cansancio. No podía seguir el ritmo. Los más altos le adelantaron, le apartaron, le empujaron fuera y le alejaron. Se detuvo, parpadeó y observó cómo la manada pasaba a su lado. Finalmente dobló sus pequeñas patas y se tumbó en la hierba alta mientras los últimos (grupos de madres y sus crías, luego un macho viejo, maltrecho con el pelaje destrozado y la piel llena de cicatrices de viejas batallas) se alejaban cada vez más. Aquella mancha naranja asustada y vulnerable que ahora había en el valle, cerró los ojos. Allí esperaría a su madre.

No tenía ni idea de los peligros a los que estaba expuesto.

Me situé sobre él en mi punto panorámico favorito, en la confluencia. Aquí es donde se unen el río Lamar y el río Soda Butte. Este punto ofrecía la mejor vista sobre el enorme valle y el pequeño bisonte, que ahora se despertaba, desplegaba sus patitas y miraba confuso a su alrededor. Su manada había desaparecido. Corría de un lado a otro mientras llamaba a su madre.

Desde mi posición elevada, pude ver que un lobo joven solitario, siguiendo el rastro con el hocico en el suelo, corría en su dirección. Contuve la respiración. Entonces el lobo levantó la cabeza y centró su atención en la cría. El pequeño intentó huir sin suerte, pues el depredador lo tenía agarrado. El lobo era joven e inexperto y veía todo aquello más bien como una especie de juego. Intentó morder a su presa en la garganta, pero el pequeño bisonte se apartó de él. Esto duró un buen rato. Luego el lobo se tumbó mientras el pequeño búfalo permanecía de pie con las patas temblorosas. Se me encogió el corazón y se me llenaron los ojos de lágrimas. Pocas veces había visto algo tan perdido como aquella pequeña criatura abandonada.

«¡Contrólate!», me regañé a mí misma. «Los lobos también tienen crías hambrientas esperando comida. Así es la naturaleza».

Pero todos los argumentos lógicos y racionales no podían competir con mis sentimientos y el miedo por el joven animal que luchaba tan desesperadamente por su vida.

El lobo continuó sus ataques sin mucho ánimo. Si hubiera querido, habría matado a su presa hace tiempo.

Y entonces llegó: la caballería. La madre bisonte galopó hacia su hijo, con otras dos hembras a sus espaldas, tal vez hermanas o tías. Con la cabeza gacha, corrieron hacia el lobo, que corrió y se tumbó un poco más lejos. El hambriento pequeño permaneció cerca de su madre y mamó con ganas. No tuvo mucho tiempo, porque apareció la manada de lobos jóvenes. Rodeó a la pequeña familia de bisontes, que acogió a su cría en su seno. Varias veces los cuatro lobos intentaron separar a la madre de la cría o distraer a la hembra y agarrar al pequeño por detrás. Pero los ataques de los depredadores fracasaron ante el muro impenetrable de los grandes cuerpos marrones. Los bisontes protegen a sus crías enfrentándose y luchando contra sus enemigos sin importarles su propia seguridad. Aquí, sin embargo, las hembras de bisonte ni siquiera vieron la necesidad de cargar contra los lobos. Simplemente se quedaron quietas. Tranquilas, serenas y obviamente conscientes de su superioridad y fuerza.

Cuando los lobos se rindieron, la familia de búfalos también avanzó. Las hembras de bisonte cruzaron el río nadando, formando una especie de rompeolas con sus cuerpos a ambos lados del pequeño. Luego cruzaron la carretera, sin hacer caso a los numerosos fotógrafos y filmadores que se habían concentrado allí con la esperanza de ver una sensacional cacería de lobos. Cuando los bisontes subieron la colina en la que me encontraba, vi que al pequeño le quedaban pocas fuerzas. Por respeto, dejé paso al grupo. Los animales ya habían tenido suficiente estrés. Bajé un poco y les dejé pasar. Mientras corrían por encima de mí, pedí en una pequeña oración protección para el valiente bebé que había tenido un primer día de vida cargado de emociones.

Por la tarde hablé con un guarda forestal. Me habló de un caso con un trágico desenlace. Hacía unos días, un oso *grizzly* mató a una hembra de bisonte en el mismo lugar. El bebé recién nacido aún intentaba beber de la madre muerta. Como el cadáver estaba demasiado cerca de la carretera, los guardas tuvieron que retirarlo con un camión. El guarda dijo que la cría intentó seguirle durante un buen rato. —Casi se me rompe el corazón cuando tuve que dejarlo atrás. No dejaba de seguirme y fui tan rápido como pude para perderlo —, dijo. Afortunadamente, en la naturaleza, las crías de bisonte abandonadas se juntan a cualquier criatura que sea más grande que ellas y se mueva. La cría podría encontrar madres sustitutas en la manada. Si mi pequeño y valiente bisonte sobrevivía al trauma del lobo, se convertiría en un macho fuerte al que su madre había enseñado a sobrevivir. Sus genes entrarían en la manada de Yellowstone como otro superviviente contra todo pronóstico.

Genes buenos, salvajes y necesarios, porque los bisontes de Yellowstone son la única manada de bisontes de raza pura de América que ha vivido en libertad desde la prehistoria. Su historia es la de una destrucción masiva sin precedentes provocada por el hombre, un ejemplo de destrucción medioambiental sin sentido.

Hace unos ciento cincuenta años, vivían en América entre treinta y sesenta millones de bisontes. Algunas fuentes hablan incluso de más de cien millones. El país estaba repleto de ellos.

Cientos de miles, una enorme y peluda alfombra marrón, de kilómetros de largo y kilómetros de ancho. Aquellos cuerpos oscuros se movían como olas y, cuando echaban a correr, sonaban como truenos. Los búfalos no sólo caminaban sobre la tierra, parecían ser la tierra. Algunos afirman que se podía caminar quince kilómetros sobre sus lomos sin tocar el suelo.

Al conducir hoy por Yellowstone en primavera, uno se hace una idea del increíble espectáculo que debió de ser todo aquello hace años. Las praderas y las laderas de las montañas están plagadas de enormes devoradores de hierba marrones. Algunos yacen en la hierba blanda y parecen rocas oscuras, montículos sin forma definida. Algunos de ellos actúan como centinelas al margen de la manada. Algunos pastan, otros se quedan quietos, con sus enormes cabezas lanudas hundidas entre sus patas delanteras, tan densamente cubiertas de pelo largo y oscuro que apenas se distinguen por debajo. Una imagen de paz.

Siempre me resulta reparadora la tranquilidad con la que descansan. Son mansos y corpulentos, no son de este mundo. Una especie antigua que evolucionó hace muchos millones de años y habitó en diferentes partes del mundo.

Pero ¡ay, cuando se sueltan! Si no puedes verlos, puedes oírlos con bastante antelación. Una vez viví una estampida de bisontes en Yellowstone en invierno. Al principio pensé que se trataba de una ventisca cuando vi espesas nubes blancas a lo lejos; la nieve volaba. Entonces oí un fuerte estruendo, el ruido de las pezuñas. La tierra tembló cuando los animales nos pasaron bramando como si fueran una gran masa a la velocidad de un caballo de carreras. Los pocos turistas que lo vimos nos quedamos boquiabiertos contemplando el espectáculo. Incluso hoy se me pone la carne de gallina cuando lo recuerdo.

Cada vez que una criatura aparece cerca de la carretera en Yellowstone (sobre todo si es algo peludo y más grande que un hombre) se crea un atasco de proporciones desesperantes. Cuando veinte o treinta de estos grandes herbívoros corren juntos a lo largo de una carretera porque les resulta más fácil que caminar campo a través por la alta artemisia del desierto, no hay nada que hacer. Lo único que se puede hacer es tener paciencia y dejar todo lo demás en manos de los bisontes. Porque si uno se impacienta, presiona y toca la bocina, puede ocurrir que uno de esos gigantes se sienta amenazado y ataque a su enemigo metálico. Una vez vi cómo un macho de bisonte embestía el coche de un conductor imprudente y se abrían los airbags del coche. Con los bisontes no se juega.

En estos atascos de animales, prefiero apagar el motor, bajar la ventanilla y esperar tranquilamente a que pase la manada. Lo que se oye es el suave chasquido de las pezuñas, increíblemente pequeñas, contra el suelo, algún bufido o gruñidos intensos. Cuando la cabeza de algún bisonte se asoma por el retrovisor, sólo tengo que alargar la mano para poder tocarla. Es tentador. Esa cabeza perfecta, todo el pelaje oscuro que le cubre las patas delanteras, el denso pelaje que le cae desde la cabeza hasta la joroba y el lomo, sobre el que el sol refleja un resplandor rojizo. El espeso pelaje de su cabeza, barba y patas delanteras es casi negro, como si la tierra hubiera sido desenterrada y formada en un animal.

Alguien dijo una vez que un bisonte adulto parece estar compuesto de partes de otros animales: la joroba de un camello, el perfil curvado de un pitbull, las costillas de un elefante, el torso esbelto y las patas traseras de un león.

Ver a los demás turistas interactuar con la fauna salvaje a veces me enfada. Da igual cuántas veces se advierta a la gente de los peligros, suelen arriesgarse... ¡por una foto! Alguien con una pequeña cámara de fotos se acerca a una manada de bisontes que pesan toneladas, sin ser conscientes realmente de que estos animales pueden correr más rápido que un caballo de carreras. No lo saben. La persona se acerca más y más e intenta fotografiar al bisonte a toda velocidad.

Cuando se ve un bisonte pastando en toda su poderosa serenidad, nunca se adivinaría lo rápido y ágil que puede llegar a ser. Puede dejar atrás a un caballo de carreras y correr a cincuenta y seis kilómetros por hora. Aún más impresionante es que puede saltar un metro en el aire desde una posición de pie.

Los bisontes pueden parecer lentos, incluso perezosos. Pero de repente deciden que hay que atravesar con sus cuernos a quienquiera que les moleste. En Yellowstone, las personas suelen resultar heridas y a veces muertas por los gigantes pardos.

Si quieres acercarte a un bisonte, te recomiendo que prestes mucha atención a la posición de su cola. Si está totalmente levantada, el ataque es inminente. Y los mansos herbívoros siempre saben exactamente a dónde apuntar con sus cuernos. Siempre lo hacen de forma premeditada.

Por cierto, un bisonte es muy flexibles. No hay lugar en todo su cuerpo que no pueda alcanzar con su larga lengua o con sus patas traseras. Se rasca los hombros con los cuernos y la cara con las pezuñas traseras, que también puede utilizar como arma mortal.

El carácter juguetón de los búfalos en libertad es muy conocido, empezando por la tendencia de las crías macho a pelearse con otros búfalos veinte veces mayores que ellos. Se han observado bisontes adultos patinando en ríos helados y jugando al fútbol con fardos de heno. Vi a un grupo de bisontes mayores saltar a un arroyo desde un barranco escarpado y luego nadar hasta la orilla, donde salieron y volvieron a saltar al agua. En tierra firme, saltaban, hacían piruetas y se divertían como nunca. Esta «gracia» en una bailarina que pesa toneladas siempre me hace reír.

Los colonos europeos que se trasladaron al oeste en el siglo XIX cambiaron el equilibrio del ecosistema. A finales de ese siglo, el ejército estadounidense dirigió una campaña para eliminar el búfalo, que fue una forma de controlar a los pueblos indígenas que dependían de estos animales.

La brutalidad con la que actuaron los cazadores está documentada en fotos antiguas. Era indescriptible y difícil de concebir en esta dimensión. Una fotografía de 1880 siempre me conmueve. En ella se ve una montaña de quince metros de altura de cráneos de bisonte que van a ser transformados en abono. Un hombre está al pie de la montaña, con el pie apoyado en uno de los cráneos. Otro está en la cima en la misma postura. Ante esta montaña de cráneos, parecen pequeños y patéticos. Una demostración masculina de poder que me parece tonta frente a una naturaleza mucho más poderosa.

Otras fotos muestran a los animales siendo abatidos desde un vagón de ferrocarril. El Kansas Pacific es el ferrocarril que en su día contrató a Buffalo Bill para proveer de carne a sus trabajadores. Sin embargo, él disparaba a los bisontes desde el lomo de su caballo, porque qué fácil es disparar a los animales desde un tren en marcha. No se necesita ninguna habilidad especial para matar a los tranquilos gigantes. Es como disparar a las vacas. No hay nada admirable en una foto de una pradera sembrada de cadáveres de bisontes abatidos desde un tren.

Cuando por fin terminó la matanza masiva a principios del siglo XX, sólo quedaron veintitrés bisontes de los millones que había. En uno de los primeros intentos de proteger una especie salvaje, los responsables de Yellowstone se propusieron salvar la población de bisontes. En 1902, compraron veintiún búfalos a propietarios privados y los alojaron en el histórico Lamar Buffalo Ranch. Estos animales empezaron a mezclarse con la población de bisontes errantes del parque, y en 1954 su número había aumentado a unos mil trescientos. En la actualidad, entre cuatro mil y cinco mil búfalos viven de nuevo en el parque nacional. Este es el número máximo que el parque puede soportar ecológicamente. Para mantener este equilibrio, una vez al año se reúne a todos los animales «que sobran» para sacrificarlos. Su carne se envía a las tribus indígenas.

Una alternativa mejor habría sido reubicar a los grandes herbívoros, si no fuera por un problema: los ganaderos se quejan desde hace tiempo de que los bisontes propagan la brucelosis, una enfermedad que provoca mortinatos en el ganado doméstico. Sólo puede transmitirse si otro animal o un ser humano entra en contacto con fluidos de parto infectado.

La brucelosis es un problema para los ganaderos, porque si una vaca enferma de brucelosis, la ley obliga a sacrificar a todo el rebaño. Esto puede acarrear grandes pérdidas económicas a los ganaderos. Por eso el miedo a la enfermedad es tan grande. Aunque existe una vacuna contra la brucelosis para el ganado vacuno y también para el bisonte.

Sin embargo, un estudio de 2017 de la Academia Nacional de Ciencias, Ingeniería y Medicina descubrió que todos los casos de brucelosis en el ganado de la zona metropolitana de Yellowstone en los últimos veinte años fueron causados por ciervos infectados, no por bisontes. Esto desmonta las afirmaciones de los ganaderos de que no debe permitirse que los búfalos salvajes salgan del parque.

El Servicio de Parques espera encontrar una solución, bien haciendo que los guardas del parque devuelvan en primavera a los animales que salgan de él por sus rutas migratorias naturales, bien capturándolos y llevándolos a recintos en el interior del parque, donde se les harán pruebas de brucelosis y luego se les llevarán a varias reservas indígenas de Montana. La idea es matar dos pájaros de un tiro: devolver los bisontes salvajes a las praderas y ayudar a los indígenas con comida y todo lo que puedan aprovechar de los bisontes. Sin embargo, una gran parte de los animales también se transporta para su sacrificio.

La cautividad es horrible para los pacíficos herbívoros que durante eones sólo han conocido la libertad. Helicópteros y jinetes persiguen a los bisontes heridos, las hembras preñadas y las crías recién nacidas hasta que se cansan o hasta la muerte. En cautividad, muchos de ellos se lesionan gravemente intentando escapar. A estos animales desesperados que pesan toneladas no se les trata con delicadeza.

Además de estas medidas gubernamentales, se sigue practicando la caza anual de bisontes en invierno (desde mediados de noviembre a mediados de febrero) en los alrededores de Yellowstone. Cualquiera puede comprar una licencia de caza, tanto los locales como los extranjeros.

Lo que presencié en tal cacería nunca lo olvidaré. Hace cuatro años, cuando decidí abandonar mis investigaciones sobre el lobo para cuidar de mi viejo perro, sabía que el viaje de Yellowstone a Bozeman sería el último que haría por el momento. Quería disfrutar de cada momento. Mi camino salía de Gardiner por la zona norte. Desde lejos, vi numerosas camionetas y camiones aparcados en los campos. Había hombres y (algunas) mujeres armados. En medio de ellos pastaban pacíficamente los bisontes. Ignoraban todo el jaleo, sin saber que anunciaba su muerte. Entonces vi a los cazadores disparando sus rifles contra los bisontes. Se pararon a pocos metros de ellos. Los búfalos los miraron fijamente y la mayoría caían al suelo. Un adolescente tenía una puntería pésima. Se dice que una bala de rifle normal no suele penetrar en la parte superior del cráneo de un bisonte. Para matar al animal al instante, hay que darle justo en el corazón. El chico disparó varias veces, el bisonte agonizó durante casi un cuarto de hora hasta que finalmente uno de los otros cazadores lo liberó. Yo quería irme, huir, rápido y lejos. Sin embargo, no pude escapar a la macabra magia del mal y me quedé sentada en el coche, con los prismáticos congelados en los ojos.

«Míralo», dijo mi voz interior. «Se lo debes a los bisontes». Quería mostrar respeto a los animales moribundos. Como entre los cazadores había algunos indígenas, supuse con ingenuidad que ellos también honrarían de algún modo a los bisontes. Nada más lejos de la realidad. Dos de ellos bailaban sobre un cadáver con una botella de cerveza en la mano. Entonces llegó el momento que me rompió el corazón. Alguien serró la cabeza del macho más fuerte con una motosierra, ató una cuerda alrededor de los cuernos e hizo un rastro sangriento en círculos por la nieve con un *quad*. Me derrumbé en mi coche, gritando y llorando, con temblores por todo el cuerpo. Conduje a toda velocidad. Lejos, ¡muy lejos! Tardé mucho en calmarme. Ahora mi despedida de Yellowstone también está relacionada con estas últimas imágenes. Con el dolor y la impotencia que sentí ante la crueldad.

—Qué quieres, el bisonte tuvo una buena vida —, responden a veces mis amigos cuando les hablo de ello.

—Fíjate en las granjas industriales, los transportes de animales y los mataderos de nuestro país. Entonces sabrás lo que es el sufrimiento.

Ciertamente, tienen razón. Pero un sufrimiento no hace que el otro sea menos malo. Realmente no es un acto heroico disparar a un mastodonte que pasta pacíficamente. No tengo ningún problema con que alguien mate a un animal para comérselo. Pero deberíamos tener más consideración y respetar la dignidad de un ser vivo, incluso de un búfalo muerto.

Los bisontes están perfectamente adaptados a su hábitat, a diferencia de nuestro ganado doméstico, que no podría sobrevivir en las praderas de las Grandes Llanuras durante mucho tiempo. A diferencia de ellas, las hembras adultas de bisonte son muy frugales y autosuficientes. Rara vez mueren durante el parto y aún más rara vez dejan atrás a sus crías.

Los bisontes pueden pasar el doble de tiempo sin agua que las vacas y pueden oler una fuente de agua a kilómetros de distancia. En invierno comen nieve, cosa que el ganado no puede hacer. Comen un tercio menos de hierba que sus parientes domesticados, que pueden llevar un país a la muerte y son extremadamente perjudiciales para las praderas secas.

En invierno, al bisonte de Yellowstone le gusta quedarse cerca de las fuentes termales. Donde el suelo está caliente para tumbarse y que les caiga la nieve encima. Con el frío, el vapor ascendente transforma sus cuerpos en pequeños icebergs de los que sólo sobresalen los cuernos oscuros.

Ni el viento, ni el agua, ni el frío pueden penetrar en el denso pelaje de un bisonte. Su pelo almacena tanto calor que apenas se puede meter la mano en él en un día soleado de invierno, porque hace mucho calor. Y mientras el ganado se retira a lugares protegidos en una tormenta fuerte y a menudo queda sepultado bajo la nieve, los bisontes sobreviven resistiendo la tormenta, a veces incluso corriendo hacia ella.

Cuando ya hay una capa densa de nieve, los búfalos utilizan la cabeza y los enormes músculos del cuello, así como la barba, para apartar la nieve bajo la cual aún hay hierba y que las vacas no encuentran.

A diferencia del ganado vacuno, los bisontes pastan en rebaños estrechos y migratorios, se comen la hierba hasta donde ya no se puede más y luego siguen adelante. De este modo, dejan descansar las zonas de pasto hasta dos años antes de volver. En primavera, se revuelcan por el suelo para darse baños de polvo y marcar su territorio. Durante estos «revolcones», esparcen las semillas de hierba que quedaron atrapadas en su pelaje el otoño anterior y vuelven a sembrar la tierra.

En climas cálidos, los bisontes son grandes consumidores de forraje, una auténtica máquina de segar y también un milagro ecológico. A lo largo de sus rutas migratorias, la interacción entre la naturaleza y los herbívoros se hace patente: cuando llueve, el agua se acumula en las huellas de las pezuñas del bisonte, que se filtra lentamente y fertiliza el suelo junto con los excrementos.

El bisonte se alimenta principalmente de la hierba de búfalo. Esta planta corta está perfectamente adaptada a la sequía y contiene altos niveles de proteínas y nutrientes. El ganado tiene que ser conducido a un pasto frondoso para pastar, pero los búfalos están hechos para la pradera. Y la pradera para ellos.

Mientras tanto, existen numerosos rebaños privados en Norteamérica. Se ha descubierto un nuevo y lucrativo mercado: la carne de bisonte, considerada especialmente sana, rica en proteínas y baja en calorías. Además, la carne de bisonte salvaje sabe mucho mejor que la de vacuno, lo que se debe a la dieta de los animales. Por eso algunos ganaderos intentan criar «beefalos», una mezcla entre vaca y bisonte.

En 2016, el bisonte fue declarado oficialmente Animal Nacional Americano (junto con el águila calva) y tiene por fin (al menos simbólicamente) el reconocimiento que merece.

Estos herbívoros de impresionante tranquilidad tienen una historia fascinante, un aspecto único y nos plantean retos complejos. Son un símbolo del Occidente salvaje. Su casi extinción es un testimonio del egocentrismo de los humanos «civilizados», y su resurgimiento demuestra que la conservación de la vida salvaje puede funcionar y que hay esperanza para sanar nuestro planeta.

Finales de verano en Yellowstone. Los bisontes parecían tranquilos, aunque los dos lobos seguían todos sus movimientos. Unos pocos descansaban y rumiaban, algunos comían, pero la mayoría estaban parados. Un macho joven fijó sus ojos en los lobos expectantes. Seis terneros descansaban bien protegidos en medio de la manada. Una ligera brisa agitaba el agua del lago poco profundo y susurraba entre las hojas de los árboles. La paz y la tranquilidad reinaban sobre los veintisiete bisontes, los dos lobos, la verde pradera de ciperáceas, los álamos y el mar de juncos.

A unos cien metros de distancia, coloqué mi catalejo a un lado de la carretera y esperé. Se avecinaba algo.

Uno de los lobos se levantó, se estiró y bostezó. Miró al bisonte y trotó hacia el bosquecillo de álamos con el hocico pegado al suelo. El segundo lobo, de color más claro, se quedó quieto un rato, luego se levantó también y se adentró lentamente en el bosque. Los grandes herbívoros no parecían prestarles atención.

Pasó el tiempo. De repente, la vaca líder se inquietó. Miró a su alrededor y comprobó el viento. Con su agudo sentido del olfato y del oído, los bisontes pueden oler u oír a un ser humano o a un depredador a un kilómetro y medio largo de distancia. La manada se levantó, ahora muy alerta, formando una masa compacta.

Entonces, la hembra que iba en cabeza se puso en movimiento y echó a correr con rapidez. Los demás la siguieron en fila india. En menos de un minuto toda la manada estaba en movimiento. Entonces me di cuenta de que al final de la fila había una vaca bisonte coja y su ternero. Los lobos debían de haber atacado a la manada en alguna parte. Ajusté mi catalejo y vi al lobo brillante. Estaba agazapado en el linde del bosque, con la mirada fija en el bisonte que cojeaba. Permaneció así hasta que el último búfalo desapareció en el bosque. Entonces corrió hacia delante y olfateó el suelo donde estuvo descansando el bisonte. Por último, se alejó en dirección opuesta echando una última mirada por con la cabeza en alto a la presa perdida.

Subí a una colina desde la que veía mejor en cualquier dirección. A lo lejos vi manchas oscuras muy dispersas: una manada de bisontes pastando. Justo enfrente, al otro lado del río, también un grupo de bisontes. Unos cuantos machos solitarios que pararon en las afueras del bosque. No había hembras a la vista.

De repente, «mi» pequeña manada salió del bosque y echó a correr por la pradera. Los búfalos corrían deprisa y se notaba que estaban inquietos.

Un oso negro apareció detrás de una colina y se acercó a ellos. La hembra líder se detuvo, levantó la cabeza y miró fijamente al oso. Los demás bisontes se detuvieron detrás de ella. Poco a poco, las colas de los bisontes se elevaron en el aire. El tiempo se detuvo.

Entonces atacaron. El oso partió inmediatamente en dirección al bosque. Los bisontes, muy juntos, lo alcanzaron. El oso llegó al bosque a grandes zancadas, se detuvo, miró hacia la masa que se acercaba y se puso a cubierto. Los bisontes aminoraron la velocidad y se detuvieron. La hembra líder retomó el rumbo inicial y la manada se puso en fila detrás de ella.

Era como si hubieran pasado de la alerta total y la intención de atacar, a la tranquilidad una vez pasado el peligro. ¡Ojalá yo también pudiera hacerlo! Hacer lo que fuera necesario y volver a la normalidad.

Más tarde, mientras conducía por un pequeño camino de tierra hacia mi cabaña, un bisonte macho me bloqueó el paso. Estaba inmóvil en medio de la carretera, con la cabeza gacha. Me acerqué lentamente. Estaba bebiendo de un charco y estaba concentrado en el agua. Aunque debería haber notado la presencia del coche, no movió los ojos, ni la cabeza ni el cuerpo. No me reconoció. Para él, yo era como los árboles, las calles, las señales. Un recién llegado al cabo de diez mil años. No levantó la vista ni siquiera cuando pasé cerca de él. Pura serenidad. Agradecí este momento de indiferencia, de que un animal salvaje no notara mi presencia.

Si piensas que en mi casa solo hay fotos de lobos, siento decepcionarte: la mayoría son de bisontes. Fotos de grandes manadas de búfalos moviéndose por la pradera, de un grupo joven de estos animales atrapados por la ventisca y de un poderoso macho con la frente y la barba cubiertas de nieve. Mi foto favorita es de Dan Hartman, un fotógrafo de Yellowstone. Un bisonte macho se encuentra en el pequeño arroyo Warm Creek. A su alrededor hay paredes de nieve más altas que su espalda. Parece como si el bisonte hubiera caído en el aquel hueco estrecho y se hubiera quedado atascado. Su poderoso cráneo, su frente y su nariz están cubiertos de copos de nieve. ¿Un animal sentenciado? ¡No! El bisonte sólo había evitado el camino a través del prado, donde la nieve tenía unos dos metros de altura. En su lugar, prefirió abrirse paso (probablemente con menos trabajo) a través del estrecho vado.

Siempre que me siento atascada en algún punto, incapaz de seguir adelante, cuando la vida se vuelve demasiado dura, miro esta foto y sé que siempre hay una salida. A veces sólo tienes que luchar un poco hacia adelante con todo el peso hasta que se hace más llevadero.

Al final de un ajetreado día con los lobos y con mucha actividad entre ellos, me gusta aparcar el coche junto a una manada de bisontes y observarlos. No hay que alterarlos. Cuando me «empapo» de su serenidad, yo también me apago. A los directivos estresados habría que recetarles «observar bisontes» o envasar la serenidad de los colosos marrones en frasquitos y venderla como medicina.

Esta serenidad de los bisontes es un regalo para mí. Su calma, su perseverancia, su valentía, su indiferencia hacia las cosas irrelevantes en la vida, su poder y su fuerza, combinados con su dulzura y su lealtad incondicional hacia las personas más débiles. Todo esto hace que estos gigantes sean un modelo de conducta para mí.

Mis favoritos: los coyotes

—Espero que mates muchos coyotes—. El guarda de caza arrastró la palabra «coyote» como sólo lo hace la gente del oeste de EE UU. —No me importa cómo los mates. Vuélalos con dinamita, atropéllelos, juega al fútbol con ellos. Lo que sea.

Las más de cien personas que se encontraban en el pabellón de caza del Circle G Shooting Park, al sur de Gillette (Wyoming), estallaron en carcajadas. Era la noche del 4 de diciembre, minutos antes de que comenzara la competición anual de caza del coyote del condado de Campbell. Los concursantes estaban sentados hombro con hombro en largas mesas comiendo filete y patatas asadas. Salvo dos mujeres, sólo había hombres en la sala. La mayoría vestía ropa de camuflaje de la cabeza a los pies. En la pared había un cartel con un dibujo animado de «El Coyote de los Looney Toones».

El guarda de caza repasó una vez más las reglas del concurso una vez más: El ganador era la pareja de participantes que matara más coyotes en las siguientes cuarenta horas. Ganaron un premio en metálico de la friolera de doscientos dólares.

Cuando terminó la comida, los participantes de la macabra competición salieron corriendo de la cabaña, subieron a sus camionetas y se adentraron en el interior del condado de Campbell. Al final de la cacería, 146 cazadores habían matado 191 animales. Los cadáveres se apilaron o colgaron, se fotografiaron y luego se deshicieron de ellos.

Sólo el simple hecho de imaginar que existe una competición así resulta vomitivo para cualquier persona que ame a los animales. La buena noticia es que cada vez más estados de EE.UU. prohíben ahora esta matanza masiva. Sin embargo, fue precisamente el gobierno estadounidense el que intentó durante años erradicar la población de coyotes en una campaña de exterminio sin precedentes. La guerra contra estos pequeños depredadores comenzó a principios del siglo XX bajo la presión del poderoso lobby de la cría de ovejas, que quería deshacerse del odioso competidor. Se calcula que el Servicio de vida silvestre del gobierno ha acabado con unos veinte millones de coyotes. Pero no sólo mata el gobierno. Particulares, clubes y otras organizaciones matan a unos cuatrocientos mil coyotes al año.

La aterradora lista de los tipos de matanza más populares la encabeza el tiro aéreo, seguido de cebos envenenados con estricnina y trampas de pies de acero y lazos de alambre. También es popular el llamado «*denning*», técnica que consiste en que los coyotes y sus crías son gaseados o quemados en madrigueras.

Con semejante número, cualquier otra especie animal habría sido aniquilada hace tiempo o habría acabado en la lista de protección de especies. No es el caso del coyote. Oportunista perfecto, astuto, inteligente y con una enorme capacidad de adaptación, es una de las pocas especies que, a pesar de la persecución masiva y las campañas de exterminio a gran escala, hoy en día están mejor que nunca. El lobo de las praderas, como también se le conoce, es un maestro de la resiliencia, la capacidad de sobrevivir a situaciones difíciles de la vida sin sufrir daños duraderos.

Soy una gran fan de los coyotes y siempre me he sentido más identificada con ellos que con sus parientes mayores, los lobos. Así que aquí está, mi confesión. La «mujer lobo» es una «mujer coyote» de corazón.

La primera vez que conocí de cerca a uno de estos pequeños cánidos fue cuando viví en Santa Fe, Nuevo México, durante varios inviernos, de 1986 a 1989. Me había trasladado allí porque se decía que el lugar evocaba una creatividad especial debido a la menor presión atmosférica a mil seiscientos metros sobre el nivel del mar y a los cristales de cuarzo del suelo. Aquí vivían muchos pintores y escritores. Yo vivía en las afueras de la ciudad, en una pequeña casa de adobe y poco amueblada por dentro. La terraza daba directamente al árido paisaje de arbustos de artemisia.

Los inviernos en las montañas de Nuevo México son muy fríos. Por la mañana temprano calenté la estufa, me preparé una taza de café y me quedé junto a las ventanas que iban desde el suelo al techo para disfrutar del amanecer.

Hasta que una mañana vi al coyote. Su pelaje brillaba bajo el sol. Le había oído aullar por las noches, pero nunca lo había visto. Vestido con su magnífico pelaje invernal, irradiaba vida y energía. Estaba a unos metros de mi terraza, entre los arbustos de artemisia. Como yo estaba en casa y no me movía, no se dio cuenta de mi presencia y tuve la maravillosa oportunidad de ver al pequeño cazando ratones.

Como un perro fascinado por un juguete que suena, centró su atención en un punto muy concreto del suelo y ladeó la cabeza de un lado a otro. De repente, se inclinó hacia delante y se quedó inmóvil. Tenía a su presa en el punto de mira y atacaría en cualquier momento, de forma inesperada y con astucia, ni demasiado pronto ni demasiado tarde, sino en el momento justo. Podía esperar el tiempo que hiciera falta. Miré el reloj. Las cinco y media.

Durante minutos permaneció de pie como una estatua. Tenía su sistema nervioso completamente bajo control.

Y entonces despegó. Se dobló en el aire como una navaja, las cuatro patas tocaron el suelo al mismo tiempo en un perfecto salto de ratón, y allí atrapó a su víctima. Sin masticar, se tragó al ratón de un bocado.

Cuando terminó, el coyote inspeccionó las casas vecinas y se comió lo que había en los cuencos de comida para gatos. Si algo se movía, metía la cola y se escondía detrás de un arbusto en un santiamén. Me fascinaba la astucia y cautela del animal y me maravillaba su belleza y la elegancia con que se movía.

Una vez estaba sentada fuera, en la terraza, envuelta en una manta caliente, cuando el coyote (con la nariz en el suelo absorbido por un olor) vino hacia mí. Casi me atropella. Cuando me vio, se quedó inmóvil, inclinó la cabeza hacia un lado y tal vez me identificó como «no peligroso» y «no comestible»; siguió corriendo, sin dejar de mirarme de reojo, aunque no moví ni un dedo.

Al año siguiente ya no estaba solo, sino con pareja. Los vecinos toleraban a los cánidos. Algunos les ponían comida de gato o de perro en la terraza. Al tercer invierno, Santa Fe había cambiado. Cada vez más gente se sentía atraída por la pequeña comunidad de artistas cercana a la cordillera de tres mil metros de altura llamada Sangre de Christo. Mi casita había sido sustituida por un complejo de apartamentos. ¿Y los coyotes? No se habían retirado de la civilización, pero ahora utilizaban con frecuencia las fuentes de alimento más accesibles. Rebuscaban en la basura y, de vez en cuando, se comían algún gato doméstico gordo. Prestaban mucha atención a todo. Si aparecían humanos, desaparecían como fantasmas.

En Santa Fe, los coyotes son omnipresentes. No sólo eran los sigilosos carroñeros de los suburbios, sino también aparecían en los nombres de cafés, restaurantes y calles, o eran convertidos en codiciados objetos de arte, normalmente representados con la cabeza levantada aullando y un pañuelo al cuello. Los turistas los adoran, y los coyotes adoran a los turistas porque estos siempre se sienten obligados a entregarles un bocadillo por sus fulminantes miradas de súplica.

En mis viajes por Norteamérica, siempre he buscado a «mis» coyotes. Y los encontré en EE.UU., Canadá y Alaska. A veces sólo se mostraban asustadizos y amistosos donde eran cazados. A veces, totalmente atrevidos y descarados en parques nacionales como Yellowstone, donde se han adaptado bien a convivir con los turistas, como demuestra el siguiente encuentro:

En una de mis excursiones con lobos conducía por el valle de Lamar a primera hora de la mañana con cuatro invitados cuando, de repente, un coyote saltó de una zanja justo delante del coche a la carretera y se detuvo tranquilamente mientras yo frenaba bruscamente. El pequeño cánido me miró. Elke y Klaus gritaron excitados:

—¡Un lobo!

El «lobo» rodeó lentamente el coche y se detuvo en el lado del conductor.

—Eso es un coyote—, le expliqué. —¿Ves las orejas grandes, el hocico puntiagudo y la cola larga y peluda? Ojalá nos encontremos con un lobo más adelante, entonces veréis la diferencia de tamaño.

—Qué bonito —, se emocionó Janet.

Abrí la ventana y unos grandes ojos de coyote nos miraron suplicantes. Todos teníamos perro y conocíamos esa mirada.

—Ay, el pobre tiene hambre —, dijo Karin desde el asiento trasero. —Tengo otra galleta. ¿Puedo...?

—¡Ni se te ocurra! —, le amenacé. —En primer lugar, aquí está terminantemente prohibido dar de comer a los animales salvajes y, además, al coyote le hace poco bien que le des tu galleta. Rápidamente se acostumbra a que los humanos son sinónimo de comida, y así no vive mucho. O lo atropella un coche o los guardabosques lo matan como animal «problemático» que pide limosna.

Ahuyenté al saqueador sin darle nada de comida. Obviamente, ha tenido éxito con esta táctica con los turistas en el Parque Nacional de Yellowstone muchas veces. Por desgracia...

Más tarde lo volví a ver. Estaba comiendo el cadáver de un ciervo con sus compañeros. Así son los coyotes.

En cuanto a la comida, son verdaderos oportunistas y son tanto depredadores como carroñeros. Siempre se ha dicho que su comida favorita es cualquier cosa que puedan comer, aunque no puedan digerirla. Se han encontrado hebillas de cinturón, zapatos de cuero y trozos de neumáticos de coche en los estómagos de los coyotes. No hay nada a lo que no hagan ascos.

Los agricultores de California informan de que los coyotes acechan sus cultivos y roban manzanas, peras, melocotones, maíz o cebollas. A finales de verano, comen saltamontes, escarabajos y larvas. En zonas rocosas, los coyotes saltan con sus patas delanteras sobre rocas o follaje para atrapar serpientes y lagartos. Su menú en los humedales son ranas, peces y animales acuáticos. También cazan pequeños mamíferos como mofetas, zarigüeyas, nutrias, y gatos domésticos y perros pequeños con una eficacia increíble. Tanto la carne de corzo como la de los cervatillos está entre la comida favorita de los coyotes porque les aporta más energía. En determinadas condiciones, son capaces incluso de matar a un corzo adulto o a un ciervo pequeño.

Los coyotes parecen jugadores de póquer humanos cuando cazan. Observan muy de cerca cada movimiento de sus potenciales víctimas, buscan un signo de debilidad y parece que trazan un plan y sopesan sus posibilidades. Sólo cuando todo está claro, lanzan el ataque.

Fui testigo de un ejemplo de la astucia de esos pequeños cánidos y de sus extraordinarias tácticas de caza al ver a un grupo de pelícanos pescando en la orilla del lago Yellowstone. Dos coyotes, uno adulto y otro pequeño (probablemente una hembra con crías), se acercaron sigilosamente y se escondieron entre la hierba de la orilla, detrás de una roca. No podían acercarse sin pasar inadvertidos. La hembra más grande levantó la cola y la movió lentamente de un lado a otro. La curiosidad de los pelícanos estaba clara. Avanzaron con cautela hasta la orilla y se detenían cada poco, pero sin atreverse a salir completamente del agua. Tras esperar un rato, la depredadora adulta salió corriendo de su escondite hacia la orilla. Las aves estaban a salvo de este ataque sorpresa, y lo sabían.

El joven coyote aún seguía en su escondite. Después de observar a los pelícanos durante un rato, corrió hacia la orilla, jugó con un tronco que estaba flotando en el agua, se persiguió la cola y fingió que las aves no existían. Luego se fue corriendo. Todavía curiosos, los pelícanos probablemente se acordaron de la «cola meneante» y se acercaron al lugar donde la habían visto por última vez. Allí esperaba el pequeño coyote, listo para el ataque. En ese momento, un ciervo saltó de un arbusto cercano y asustó al joven cánido, que huyó y corrió tras su madre.

Ahora que se sentían seguros, los pelícanos se acercaron a la orilla. Un rápido salto desde un rincón inesperado demostró que estaban equivocados. Un tercer coyote, que no habían visto antes, saltó de entre la hierba, agarró una de las aves y se la llevó tras la familia.

Otro truco de caza popular de esto pequeños depredadores es el «coyote muerto». Uno se tumba de costado, a veces durante varios minutos, para atraer a un cuervo o una urraca. Si los carroñeros se acercan al supuesto cadáver, enseguida lo atrapan y se lo comen.

Cuando se trata de ingenio en la caza, estos pequeños e inteligentes cánidos superan incluso a los lobos. Tanto es así que los coyotes cooperan con otras especies. Una mañana, en Yellowstone, observé cómo un tejón y un coyote cazaban juntos ardillas de tierra. Mientras el tejón desenterraba las madrigueras de los pequeños roedores solo para que salieran volando los trozos de tierra, el cánido se acercaba atento a través de la artemisia. De repente, un movimiento, un salto, un chasquido. El coyote salió con una ardilla en la boca, que había intentado escapar del tejón por una entrada lateral del sistema de cuevas con muchas ramificaciones, y justo salió en dirección al hocico del coyote. El tejón también tuvo éxito en la caza. Con su presa, desapareció por una cueva subterránea, donde devoró tranquilamente su comida. Mientras tanto, el coyote esperaba paciente el regreso de su compañero de caza.

Es una relación que beneficia a ambos. La gran mustélido terrestre es especialista en excavar, el coyote omnívoro busca constantemente comida. Un tejón excavador atrae la curiosidad del cánido. El tejón, a su vez, tiene un olfato y un oído muy finos con los que puede detectar presas bajo tierra. Muchas cuevas subterráneas están interconectadas y tienen salidas de huida.

En este caso, el coyote, especializado en la caza sobre el suelo, sólo tiene que esperar. Por otro lado, muchas ardillas de tierra asustadas que se topan con el coyote cuando huyen pueden darse la vuelta y correr hacia la boca del tejón en el intento. Se ha observado que los coyotes que trabajan junto con los tejones pueden capturar el doble de ardillas de tierra que los animales que cazan solos.

A veces, estas dos especies de animales tan diferentes pasaban días juntos. De vez en cuando, el coyote intentaba invitar al tejón a jugar, pero salvo alguna rara «persecución», casi siempre era en vano. Como solitarios que son, los tejones no les dan demasiada importancia a esas «propuestas» de sus compañeros sociales de caza.

En la naturaleza hay muchas alianzas extrañas entre animales de diferentes especies, como el lobo y el cuervo. Y no es nada raro que, en ocasiones, un coyote y un tejón sean compañeros. Algunos coyotes disfrutan sin duda molestando a los tejones, aparte de la idea de conseguir comida, y ocasionalmente al apático tejón puede gustarle devolver el golpe. Sin embargo, no existirá una relación permanente entre ambos. Estas asociaciones de caza tienen lugar principalmente en primavera, cuando las ardillas de tierra han terminado su hibernación y salen a la superficie en masa. Cuando llega el invierno y escasea la comida, puede ocurrir que el tejón «amigo» se convierta en la comida del coyote; aunque también puede ocurrir a la inversa, ya que se han encontrado restos de coyotes en estómagos de los tejones.

El nombre científico del coyote, *Canis latrans*, significa «perro aullador». Los primeros colonos blancos de Norteamérica solían referirse a él como «lobo de la maleza» o «lobo de las praderas». Desempeñan un papel importante en la mitología indígena. Sus historias hablan de que el coyote creó el mundo, trajo el fuego y se aseguró de que los osos hibernaran. Los indígenas lo valoran por su astucia, picardía e inteligencia, su alegría y su libertad. En algunas de sus leyendas es el «perro de Dios», un observador de extraordinaria agudeza enviado desde el cielo para informar de los asuntos mundanos a su amo.

Es creador, destructor, omnisciente, el embaucador y a veces el estúpido, un poco como nosotros los humanos.

Bill, un amigo mío, tiene un rancho en Dakota del Sur que limita con la pradera. En sus tierras viven numerosos coyotes.

Me contó la historia de cómo una vez un coyote y él se habían «peleado» por su perrito mestizo Charly:

—Charly y yo estábamos dando nuestro paseo matutino cuando de repente apareció un coyote a cierta distancia. Se sentó en una colina baja y aulló en nuestra dirección. Charly se dio la vuelta y corrió hacia su pariente salvaje. Le silbé para llamarle. Cuando Charly intentó correr hacia mí, el coyote volvió a atraerlo hasta que el perro echó a correr de nuevo. Esto duró un buen rato. Volví corriendo hacia el rancho, el coyote nos seguía de colina en colina. Atrajo al perro con su aullido, Charly trotó hacia él, yo silbé y llamé a Charly por su nombre hasta que comenzó a regresar a mí. Entonces el coyote se acercó de nuevo y llamó a Charly de una manera que parecía muy autoritaria y urgente hasta que el perro se volvió hacia él otra vez.

Incluso cuando Bill ya llegó a la carretera y llamó al perro para que volviera, el coyote encontró una colina con una vista despejada hasta la casa, se sentó allí e hizo todo lo que pudo para atraer al perro de vuelta.

—Quizá estaba cantando a la magia de la libertad, a la vida salvaje, cuyo recuerdo se despertó en el perro con cada nota de la canción del coyote —, especuló Bill. Tenía claro que, aunque el coyote estaba haciendo todo lo posible, en realidad no pretendía ganar. Tal vez todo era una broma para su perrito. Sin embargo, Bill estaba agotado por los silbidos y los gritos, y por intentar salir de la situación lo antes posible con su perro, y también estaba molesto. Cuando llegó a la calzada y miró por última vez al coyote, le gritó: «¡Consíguete un trabajo!». La respuesta llegó con un ladrido corto y muy alegre antes de que se bajara de un salto de su montículo y se dirigiera a casa, a su madriguera, mientras miraba hacia atrás por encima del hombro.

Casi un kilómetro más adelante, Bill volvió a mirar hacia atrás. El coyote se detuvo y se sentó en la colina más alta, desde donde se apreciaba su silueta dibujada en el cielo, y aulló una vez más; aunque esta vez no a mí ni a Charly, sino al cielo. O a nadie, al universo y a nada en particular. Su llamada característica que decía: «¡Soy yo!».

—De todos los animales de la pradera, los coyotes son los que tienen más sentido del humor. Cuando convives con ellos durante un tiempo, queda claro por qué para los nativos el coyote es el dios de los embaucadores. Cuando se sienta en la ladera de forma juguetona, es fácil imaginarse que se está riendo. Lo que mejor hacen los coyotes es planear una travesura —, añadió Bill con una mezcla de humor y admiración.

En su conducta social, los coyotes se parecen a los lobos. Viven en grupos familiares, los padres permanecen juntos de por vida, toda la familia se encarga de criar a los cachorros. Cuando se alimentan juntos de un cadáver, se cuidan unos a otros. Uno vigila a los enemigos mientras los otros se alimentan, y se van turnando. A menudo, los coyotes esperan a la vista de los lobos mientras comen, a la espera de que sus parientes más grandes terminen por fin su comida y puedan atacar ellos.

Si ven a sus crías en peligro, los padres coyotes desatan su furia con gritos histéricos y alaridos muy ruidosos, ahuyentan a lobos u osos y molestan a sus atacantes con violentos mordiscos por la espalda.

Tienen una especie de dialecto en su lenguaje con el que reconocen a los miembros de su familia, solicitan información, piden ayuda o amenazan a los extraños para que no entren en su territorio. A diferencia de los lobos, que como animales de manada utilizan un lenguaje corporal mucho más variado, los coyotes muestran menos movimientos faciales y corporales. Por otra parte, sus aullidos son muy diferentes a los de los lobos que son largos y profundos. Los agudos aullidos, ladridos y gritos suenan a veces como el canto de una *primadonna* ronca y pueden oírse claramente a grandes distancias. A menudo el canto se transmite de un grupo de coyotes a otro hasta llenar todo el valle. Suena como si estuvieran gritando a sus hermanos y hermanas de colina a colina. A veces suena alegre y descoordinado, sin melodía ni decoro. Otras veces su canto parece un sentido lamento a los dioses, igual que a veces los humanos cantamos nuestro sufrimiento. Siempre que oigo el canto de los coyotes en la naturaleza, me detengo a escucharlo. Es un espectáculo acústico impresionante.

También es fascinante ver o escuchar a los coyotes adultos enseñar a aullar a sus cachorros. Cantan en una octava determinada, que los cachorros intentan imitar. Esto se repite una y otra vez hasta que lo consiguen.

A veces tengo la tentación de cantar con ellos. Confieso que no se me da bien imitar el aullido de un lobo. Pero como soprano coyote soy insuperable. Quizá sea porque me hice amiga del coyote Bill durante mis prácticas de investigación sobre el comportamiento en un recinto de lobos en el estado norteamericano de Indiana y me quedaba junto a su recinto todas las mañanas para aullar con él. ¡Gracias, Bill!

En Yellowstone, durante una excursión en primavera, descubrí a una familia de coyotes cazando ratones. Cuando la madre me vio, puso inmediatamente a salvo a sus crías y desapareció. Probé suerte y puse en práctica mi canto del coyote a pleno pulmón.

De repente, tres cabecitas de coyote aparecieron entre la hierba a unos metros delante de mí, mirándome curiosas con los ojos muy abiertos. Un breve ladrido de advertencia de la madre los hizo retroceder. Me pregunto qué estarían pensando los pequeños al ver a un amigo de dos patas esperando para jugar con ellos.

En Yellowstone tuve la oportunidad única de observar no sólo lobos sino también coyotes durante un periodo de tiempo más largo. Así que también pude comprobar lo que ocurre cuando un depredador pequeño es desplazado por otro más grande.

Hasta la reintroducción de los lobos, los coyotes eran los principales depredadores del parque. Vivían donde les daba la gana. Su población crecía y, aparte de osos y pumas, no tenían enemigos. Habitaban sus territorios tradicionales, había pocas cosas que temieran. Un mal invierno que afectara a sus fuentes de alimento era lo peor que podía ocurrirles. Se alimentaban de topillos y ratones de campo, ardillas de tierra y otros pequeños mamíferos, y de vez en cuando cazaban alguna cría de ciervo o comían de algún cadáver. En general, su vida era estable y sin sobresaltos.

Esto cambió de repente cuando los primeros lobos se plantaron delante de sus pequeños hocicos en 1995. Me preocupaba cómo se las arreglarían «mis favoritos» cuando su mundo perfecto y sobre todo sus familias se vieron amenazados por los grandes recién llegados. ¿Cómo afrontamos todos las situaciones en las que la vida tal como la hemos conocido hasta ahora cambia radicalmente de golpe? Los coyotes iban a enseñármelo.

En sólo dos años, los recién llegados diezmaron la población de coyotes a la mitad. Al mismo tiempo, los cadáveres abandonados por los lobos proporcionaron abundante comida a los hambrientos coyotes. Al principio, los coyotes estaban entusiasmados con toda la carne que de repente había por todas partes. O bien aún no habían descubierto la razón de la nueva tierra de abundancia, o bien eran tan codiciosos que se despreocuparon.

El pequeño coyote estaba comiendo un ciervo que los lobos habían matado por la mañana. Estaba tan hambriento que apenas prestaba atención a lo que le rodeaba. Qué gran error. A unos cien metros por encima, un lobo negro se deslizó por la ladera de la montaña, directo hacia él. Por fin, el coyote levantó la vista, saltó asustado casi con las cuatro patas en el aire a la vez y salió corriendo, perseguido de cerca por el lobo. Cuando sólo había una cola de distancia entre los dos, el pequeño cambió de dirección y se dirigió a toda velocidad hacia la carretera donde yo estaba junto con otros observadores de lobos y fotógrafos. El lobo se detuvo bruscamente y se dio la vuelta. Prefería alejarse de nosotros, los humanos. El coyote había vuelto a engañar a su primo mayor.

Pero estos pequeños astutos no siempre tienen tanta suerte. Varias veces he tenido que ver cómo los lobos mataban a un coyote. El escenario es siempre similar: varios lobos persiguen a un solo coyote con la cola levantada y las orejas hacia delante, lo rodean y todos lo muerden a la vez hasta que la víctima muere.

Cuando experimento algo así, cierro los ojos y me doy la vuelta. Sufro viéndolo. Es aún peor en primavera, cuando los lobos desentierran las madrigueras de los coyotes para matar a los cachorros. Conozco demasiado bien los gritos desesperados de los padres que lo intentan todo para salvar a sus hijos del gran depredador. Pellizcan sus nalgas y patas o se abalanzan delante del lobo desafiando a la muerte, pero casi siempre en vano. Ni siquiera necesito ver directamente la escena: los chillidos de los coyotes, el pánico, la desesperación y la pena que persisten incluso después de que el lobo ya se haya llevado al cachorro en la boca, me recorren el cuerpo. Suelo escapar metiéndome en el coche y alejándome rápidamente. Aunque la muerte forma parte de la naturaleza, no puedo soportarla.

Sin embargo, el «tramposo» no sería un artista de la supervivencia si no hubiera aprendido también a adaptarse a esta nueva situación. Por ejemplo, los coyotes se han dado cuenta de que hay cierta seguridad en el tamaño de su manada. Antes del regreso de los lobos, solían viajar solos o en pequeños grupos familiares. Hoy en día suelen formar grandes familias de hasta diez miembros, o ponen uno o dos vigilantes cuando se alimentan de un cadáver para avisar a los miembros de su familia cuando se acerca un lobo.

Para burlar a sus grandes adversarios en situaciones de peligro, los coyotes se las ingenian aún más. Una vez vi cómo un lobo perseguía a uno de ellos. El coyote corría montaña abajo y, cuando el lobo lo alcanzaba, el cánido más pequeño cambió de dirección y volvió corriendo montaña arriba en un santiamén. Como el lobo no era tan ágil y ya no podía seguirle el ritmo, así que no le quedó otra que rendirse.

La familia de los cánidos evolucionó en Norteamérica hace más de cinco millones de años. Muchas de las demás especies de cánidos, como chacales, lobos y perros salvajes, se extendieron por todo el planeta a través de los puentes terrestres que unían América con Europa y Asia. Pero los coyotes nunca salieron de Norteamérica, donde evolucionaron hasta convertirse en una especie propia hace aproximadamente un millón de años. Los grandes depredadores fueron desplazados o aniquilados con la colonización, excepto los coyotes. A medida que pasaban los milenios y con ellos el mamut y el tigre dientes de sable, mientras el caballo conquistaba el continente, los coyotes seguían igual: formas primitivas en términos evolutivos, pero con una flexibilidad asombrosa, siempre progresistas e innovadores, aprovechando cada cambio en su beneficio.

Aunque los lobos y los osos están en la cima de la cadena alimentaria, cabe preguntarse por qué, de entre todos, los pequeños coyotes siguen reproduciéndose y sobreviviendo con éxito hoy en día a pesar de la persecución masiva. La explicación es sencilla: los coyotes se han adaptado a ser cazados. Para ellos, los humanos son simplemente otro depredador (muy poco eficaz). Antes de la invención de las armas y las trampas, los osos y los lobos de Norteamérica no tenían enemigos y nunca aprendieron a temer a los humanos. Eso fue su perdición. Los coyotes, sin embargo, aprendieron rápidamente a ser perseguidos. Fue su resistencia lo que les permitió sobrevivir.

Además de su capacidad para reproducirse con fuerza cuando se ven amenazados, los coyotes han descubierto nuevos hábitats seguros: las grandes ciudades. Colonizan los cañones de Los Ángeles desde los años setenta y se les vio por primera vez en el Bronx en los noventa. Su número crece en las calles de Manhattan. Al parecer, Chicago es especialmente popular entre los tres o cuatro mil coyotes que se calcula que hay.

Sorprendentemente, estos coyotes urbanos no cazan perros, gatos u otros animales domésticos, como se temía en un principio, sino que comen animales silvestres como conejos, ratas, ardillas y pájaros.

Un amigo biólogo canadiense me envió una foto de un coyote haciendo equilibrios en las ramas de un manzano. Como ya no había fruta caída bajo el árbol, el pequeñajo buscaba de la fruta marchita que aún colgaba de las ramas.

Los coyotes urbanos son buenos evaluando los riesgos e intentan mantenerse fuera de la vista en la medida de lo posible. En las grandes ciudades hay suficiente comida y cobijo para estos astutos depredadores. Nadie les dispara, los atrapa ni los envenena. Mientras que en el campo los coyotes sólo viven unos dos años y medio, en la ciudad viven entre doce y trece años, y además sobreviven bastantes más crías.

Los coyotes han modificado su comportamiento natural para adaptarse a vivir cerca de los humanos. En el centro de Chicago, por ejemplo, un coyote pasó toda su vida en un cementerio, comiendo la comida que los visitantes colocaban en las tumbas para él. Otro coyote con GPS y su pareja criaron una camada de cinco cachorros sanos en una guarida de hormigón en el aparcamiento del estadio Soldier Field, sede de los Chicago Bears. A diferencia de los coyotes salvajes, por ejemplo, los coyotes urbanos de Chicago son nocturnos y se esconden durante el día, a menudo cerca de calles comerciales muy transitadas. Han aprendido a cruzar calles, aceras y vías de ferrocarril sin ser vistos (y normalmente ilesos) a pesar del enorme volumen de tráfico. Al final, lo hacen como los animales salvajes de Alemania que han emigrado a las ciudades: zorros, mapaches y a menudo jabalíes, que encuentran abundante comida y refugio seguro incluso en grandes ciudades como Berlín.

El coyote no es un animal apreciado en Estados Unidos. Incluso el lobo tiene más seguidores; aunque, a diferencia de su hermano pequeño, nunca ha sido capaz de adaptarse así que, a pesar de la persecución ininterrumpida, sigue volviendo, y en mayor cantidad que nunca.

Tradicionalmente, nuestra relación con la naturaleza ha evolucionado a partir de la creencia (errónea) de que es maleable. Creemos que podemos controlar la naturaleza cuando y como queramos, con consecuencias previsibles. Nuestra arrogancia nos impide admitir que hemos encontrado en el coyote una criatura igual a nosotros que lleva miles de años engañándonos y seguirá haciéndolo. Un poderoso *lobby* en Estados Unidos quiere acabar con este animal, por lo que se le sigue masacrando y destruyendo. Sin embargo, el astuto cánido reacciona a cada nueva herramienta de destrucción con un cambio de comportamiento. Si se escapa de una trampa, en el futuro evitará las zonas en las que se coloquen trampas y así se lo enseñará a su descendencia. Dondequiera que le persigan, se vuelve más precavido y evita a la gente. Mientras se mata a los cánidos débiles, descuidados y estúpidos, parece surgir una especie de «supercoyote» capaz de hacer frente a su enemigo humano.

Hemos añadido otro parámetro a la selección natural con nuestras campañas de exterminio, con la consecuencia de que los coyotes son ahora más grandes, más listos, más adaptables, más rápidos y más astutos que cuando el hombre blanco entró por primera vez en su territorio. Así se han convertido en el símbolo definitivo del éxito y la rebelión contra la gente que cree que puede controlar la naturaleza.

El naturalismo es dinámico y defiende que todo está interconectado. Sólo podemos sobrevivir si cambiamos y nos adaptamos a él, como los coyotes. Su resistencia es para mí un regalo que me demuestra que los humanos también podemos sobrevivir a todos los desastres y cambios.

Ballenas y águilas

Siempre que miro a los ojos de un animal salvaje por primera vez, me invade ese momento místico en el que me sumerjo en un mundo extraño. Fue así con el lobo, el bisonte… y también con una ballena.

Estuve cuidando la casa de unos amigos en Maine durante unas semanas y luego quise ir en coche al norte, visitar el Parque Nacional de Acadia y, si era posible, hacer un poco de senderismo por el famoso Sendero de los Apalaches. También quería ver ballenas por primera vez. Estas aguas prometían excelentes avistamientos a unos 30 kilómetros de la costa. Debería haber rorcuales comunes, ballenas jorobadas y rorcuales aliblancos, así como varias especies de tiburones y atunes gigantes. La mejor época del año para las excursiones de observación es de mediados de abril a octubre, y el mejor momento del día es por la mañana, porque es cuando el mar está más tranquilo.

Era finales de verano y la previsión meteorológica anunciaba un día soleado y tranquilo. Así que me apunté a una excursión de avistamiento de ballenas en Cap'n Fish para la mañana siguiente. Efectivamente, no había viento, el mar estaba liso como el cristal, las condiciones perfectas para mí, que me dan unos mareos terribles. Me dan náuseas con sólo sentarme en una mecedora o ver una película con mar picado. Pero ese día nada podía salir mal.

Al hacer la reserva, me aconsejaron que, si tenía el estómago sensible, tomara algo para el mareo, pero que tuviera cuidado porque las pastillas también pueden provocar fatiga.

Con la medicina en el bolsillo de la chaqueta por seguridad, subí al barco en Boothbay Harbor con otros treinta turistas. Tras la charla de seguridad sobre los chalecos salvavidas y las normas de conducta al acercarse a las ballenas (no gritar y no tocar), el barco se hizo a la mar. Todos los que sentían esas ansias por ver a las ballenas, se desplegaron en cubierta con cámaras y prismáticos listos para capturar las imágenes y oteaban atentos el horizonte.

«¡Allí! ¡Allí al fondo!». Emocionados, algunos señalaron a lo lejos y el barquero hizo un anuncio: «¡Chicos, tenemos una ballena a las once!». Pisó el acelerador mientras más y más ejemplares salían a la superficie, expulsando fuentes de agua llamadas «soplos de ballena». A medida que nos acercábamos a las ballenas, el capitán redujo la velocidad del motor y finalmente lo apagó. El barco se balanceaba por las olas. Aparecen otros dos barcos turísticos. Rodeamos a las ballenas. Con cada soplo, que disparaba del agua como una columna, la gente de los barcos vitoreaba a gritos. Finalmente, con un potente resoplido, varias ballenas salieron a la superficie. Eran rorcuales aliblancos, que eran enormes con sus casi nueve metros de longitud. Las cámaras hacían clic, la gente gritaba emoción y entusiasmo: adiós a las normas de conducta. Algunos preguntaban impacientes: «¿Cuándo van a saltar?». Probablemente habían visto demasiado Liberad a Willy o estaban acostumbrados a los espectáculos en acuarios que nos pintan un mundo ideal, mientras que las condiciones en las que viven violan el bienestar animal.

Me molestaron los gritos. «Ojalá poder admirar a las ballenas en silencio», pensé, y me retiré. Me quedé en la barandilla al otro lado del barco y respiré profundamente el aire salado del mar. Me bastaba con saber que los grandes mamíferos marinos estaban allí; no necesitaba estar entre la ruidosa multitud para verlas.

Mientras seguía mirando a lo lejos, sentí un movimiento debajo de mí. Una ballena apareció junto al barco. Su imponente cuerpo oscuro estaba ligeramente tumbado de lado, casi como si se hubiera puesto cómoda para poder observarme mejor. Tenía la cabeza a un brazo de distancia. El gran ojo casi humano de la ballena me miró; no, miró dentro de mí, en lo más profundo de mi alma. Nos miramos a unos metros de agua de distancia y a través de abismos incalculables de tiempo evolutivo. ¿Cuánto tiempo hace que nuestros antepasados mamíferos tomaron caminos diferentes? ¿Cómo de insondable era el abismo que separaba nuestras formas de vida? ¿Qué pensaba o sentía esta gran criatura mientras yo la miraba? ¿Cómo vivía? Este deseo insaciable de ser absorbido por otras formas de vida, de comprender las cosas a través de sus ojos y sus mentes, es un hilo conductor de todos nuestros cambios evolutivos. Mil reencarnaciones, cada una con una forma de vida diferente, eran demasiado pocas para satisfacer esta curiosidad.

Sentí admiración y asombro por la belleza del animal. Pero también tristeza, porque en cualquier momento el encuentro terminaría y la ballena desaparecería en las profundidades. Se acabaría el momento mágico y me quedaría sola.

Me quedé allí embelesada. Olvidé dónde estaba, que el barco había empezado a balancearse más, que debería haberme mareado. Sólo estábamos la ballena y yo. Entonces inspiró tranquila, cerró los espiráculos y se zambulló. Nadie más que yo se había fijado en ella.

Esta criatura tan extraña me había conmovido tanto que me senté en el suelo del barco, con los ojos llorosos y las rodillas temblorosas, y me quedé allí hasta que atracamos de nuevo en el puerto. No quería contárselo a nadie, no quería compartir nada, quería guardarme esta magia para mí sola.

Eso fue hace más de veinte años. Hoy en día, los viajes de avistamiento de ballenas están mucho más regulados de manera estricta por la ley. En Estados Unidos, hay que mantener una distancia mínima de trescientos metros con los animales. Si quieres hacer una excursión de este tipo, debes fijarte bien en el organizador. Nadie puede «garantizar» un avistamiento. Yo tampoco pude hacerlo nunca en mis viajes de observación de lobos. Los que se preocupan por la fauna respetan el comportamiento de los animales y prefieren renunciar a verlos o fotografiarlos antes que molestarlos.

Siempre se dice que nunca se olvida el primer encuentro con una ballena. Y es cierto. Después de mi experiencia en Maine, quise aprender más sobre los grandes mamíferos marinos y decidí ir a Alaska para asistir a una reunión de investigadores de ballenas que se celebra anualmente en Sitka en noviembre, el Sitka WhaleFest.

Pude combinarlo con otro simposio científico, el Festival del Águila Calva de Alaska, que tuvo lugar unos días después del festival de la ballena en Haines y se centró en esta especie de águila. Así que el largo viaje a Alaska merecería la pena, aunque en noviembre es todo un desafío. Muchas carreteras y puertos están cerrados por la nieve.

Como líder y organizadora de viajes por la naturaleza, a lo largo de los años me había hecho con una pequeña e intrépida clientela dispuesta a cualquier aventura. Cuando les propuse ir a Alaska a avistar ballenas y águilas, enseguida dijeron que sí.

Ballenas

En las aguas de Sitka, al noreste de Alaska, se reúnen en noviembre las últimas ballenas jorobadas antes de dirigirse a California o a México para su apareamiento.

Los habitantes locales se unen a científicos y turistas para celebrar la vida marina en el Sitka WhaleFest. La pieza central del festival es un simposio de tres días en el que expertos reconocidos a nivel mundial en el comportamiento de las ballenas de presentan los resultados de sus últimas investigaciones sobre una amplia selección de temas. Ofrece a futuros investigadores y a otras personas interesadas en los océanos la oportunidad de interactuar con un grupo apasionado y variado de colegas. Los oradores invitados harán presentaciones sobre el tema general del simposio. El acto irá acompañado de actividades comunitarias y culturales, amplias presentaciones científicas, excursiones en barco para observar ballenas, un mercadillo artesanal, actuaciones musicales y una exposición de arte. Todo sobre el tema del mar.

El 4 de noviembre de 1999, cuatro de nosotros volamos de Fráncfort a Sitka, vía Seattle y Juneau. Nos registramos y nos unimos a los participantes en el simposio. Los siguientes tres días estuvieron repletos de numerosas conferencias sobre cetáceos, especialmente ballenas jorobadas, orcas y delfines. Vimos presentaciones en PowerPoint, cuadros, fotos y vídeos impresionantes. Por las noches nos sentábamos con los investigadores en el convite o asistíamos a representaciones teatrales y danzas de los indígenas de la tribu tlingit.

Los organizadores del festival nos agradecieron nuestra presencia. Se sintieron honrados porque dimos al evento un «toque internacional». Incluso la televisión local nos entrevistó y los periódicos de Juneau informaron sobre los aficionados a las ballenas alemanes.

Me interesó especialmente la conferencia de la bióloga marina Kathy Heise. Estaba especializada en las orcas: ballenas asesinas que pertenecen al género de los delfines. El término «orca», que se sigue utilizando hoy en día, está mal visto por los científicos por una buena razón.

Kathy mostró en un vídeo cómo un grupo de orcas intentaba separar a una cría de ballena jorobada de su madre y matarla. Primero rodearon juntas a la presa y se abalanzaron sobre ella hasta dejarla exhausta. La madre, que nadaba cerca de ella, defendió con valentía a su cría de todos los ataques. Algunas orcas se interpusieron entre las dos ballenas. Atacaron a la madre con mordiscos e intentaron empujar a la pequeña bajo el agua para que no pudiera subir a respirar. Al final, mamá ballena no consiguió defender a su cría contra el superior número de atacantes: tuvo que rendirse.

Me recordó a las tácticas de caza de los lobos. Al igual que ellos, las orcas aprenden de sus madres a cazar en manada. Las ballenas realizan sesiones de entrenamiento habituales con sus crías. Por ejemplo, llevan a las rayas a aguas poco profundas y las hieren. No matan a las rayas, sino que las debilitan para que las orcas jóvenes puedan matarlas más fácilmente que a un animal sano. Los animales jóvenes tardan varios años en dominar la técnica.

Durante la caza, cada orca tiene una tarea específica. Los adultos enseñan a las crías cómo cazar y dónde hay peligro. Kathy habló de grupos de orcas en los que se había disparado o herido a individuos concretos.

—Nunca olvidan. Puedes ver cicatrices de heridas de bala en algunos de ellos. No podemos acercarnos a ellos. Si oyen un motor, huyen.

Las orcas viven en sociedades de familias grandes, se protegen unas a otras y cuidan de los débiles de su entorno. Cada grupo de orcas está dirigido por una ballena veterana, la matriarca. Estos animales son cariñosos entre sí y a menudo se acarician. Cuando nadan o juegan juntos, hacen saltos aéreos, volteretas o cabalgan sobre las olas.

Al igual que nosotros, las ballenas se comunican continuamente entre ellas. Un biólogo reproduce grabaciones del canto de la ballena azul: patrones sonoros fijos que se repiten con frecuencia. Las ballenas jorobadas utilizan burbujas de aire como medio de comunicación e intentan impresionarse mutuamente con exhibiciones de burbujas. Las orcas son unas auténticas charlatanas. Hablan sin cesar. En las grabaciones del biólogo se oían silbidos, chillidos, pitidos, aullidos y parloteos incesantes, y al igual que los lobos y los coyotes aúllan en diferentes «dialectos»; cada familia de ballenas tiene su propio lenguaje.

Las conferencias me dejaron agotada, no sólo mentalmente, sino también emocionalmente. Las ballenas me avergonzaron como miembro de la especie animal humana. ¿Por qué narices seguimos creyendo que somos los dioses de la creación y la única especie animal inteligente y compasiva cuando hay criaturas que son como mínimo iguales a nosotros, si no superiores en algunos aspectos?

El último día nos apuntamos a una excursión de observación de ballenas. El tiempo debería haberme avisado: llovía a cántaros y soplaba un fuerte viento. Mi grupo decía ser marinero. ¡Cómo les envidiaba! Aun así, no iba a perderme el espectáculo. No podía ser tan malo. Tal vez olvidaría mis náuseas cuando viera las ballenas, o eso esperaba. Para estar segura, me tomé unas pastillas para el mareo después del desayuno.

«Veremos ballenas», aseguró la investigadora de cetáceos Jan Straley. Tras media hora de navegación, la capitana Barbara Bingham dejó que la pequeña embarcación con sus veinte emocionados pasajeros se adentrara en medio de un grupo de unas cien ballenas jorobadas. Algunas de ellas nadaban alrededor de nuestra embarcación. Una enorme bandada de gaviotas rodeó el barco, graznando, mientras la superficie empezaba a agitarse y las enormes bocas de al menos quince ballenas jorobadas salían disparadas del agua. Luego aparecieron más y más. Todo a nuestro alrededor era un mar de jorobas, chorros de agua y aletas caudales antes de que las ballenas desaparecieran de nuevo en las profundidades. Cuando una salía a la superficie, la otra respiraba hondo y se hundía tranquilamente, disfrutando. Sus lomos se estiraron como suaves arcos negros sobre la superficie del agua antes de empezar a sumergirse de cabeza en las profundidades. Por último, arrastraron sus colas y estiraron sus aletas horizontalmente hacia arriba como en un saludo, como la cola de un avión, siempre al mismo ritmo mesurado. Las aletas pectorales de la ballena jorobada son, a diferencia de las de otras ballenas, abultadas en el borde frontal y tienen cualidades aerodinámicas: se crean remolinos alrededor de la aleta, se mejora el impulso del agua y se reduce la resistencia a esta.

Estábamos rodeados de ballenas. Por todas partes las veíamos resoplar, a veces lo suficientemente cerca como para envolvernos en una nube de vapor. Sentía sus chorros en la cara. Luego se acercaban mucho al barco, nadaban a lo largo de él y se sumergían. A veces veía salir del agua tres enormes aletas de cola al mismo tiempo. Verlas y estar en medio de ellas fue más emocionante de lo que había imaginado. Fue impresionante.

Tuve que llorar. Estos animales eran tan gigantescos, tan majestuosos. Sus cantos se mezclaban con los gritos excitados de los pasajeros. Ya no sabía dónde mirar, si es que podía mirar, porque las rodillas me flaquearon y el estómago se me subió a una montaña rusa. No era porque me impresionaran tanto las ballenas, sino porque en ese momento el mareo apareció de repente.

—Estás pálida —, comentó Rainer, de mi grupo. Hilde, que llevaba años navegando con su marido, me agarró del brazo, me miró con comprensión y me aconsejó que entrara y que me tumbase. Así lo hice. Al parecer, no era la única que se había sentido mal, porque la mitad de los pasajeros estaban tumbados en los bancos del interior del barco, agarrados a sus escupideras, mientras la tripulación repartía raíces de jengibre cortadas en trozos, que me sentaron aún peor. ¡Qué pecado! Allí estaba yo, en compañía de los mayores mamíferos marinos y lo único que quería era morirme. La mitad del viaje de tres horas la pasé bajo cubierta o colgada de la barandilla «dando de comer a los peces». Me alegré tanto al volver a tierra firme y juré no volver a subir a un barco.

En el banquete de despedida, cuando le conté a Kathy lo de nuestra excursión con ballenas y mi experiencia, me miró con empatía. —Son cosas que pasan —, dijo y cogió una servilleta de papel y un bolígrafo. —Cuando vueles mañana a Juneau, coge el coche fuera de la ciudad, aquí —, dibujó líneas y una gran cruz en la servilleta. —Aquí puedes ver ballenas desde la carretera, en tierra firme. Ballenas jorobadas y orcas —, me guiñó un ojo. —¡Y si alguna vez voy a Yellowstone, me enseñas los lobos!

Lo prometí de todo corazón.

La velada terminó con un espectáculo de danza rusa en la Casa de la Comunidad Tribal de Sitka. Los tlingit se despidieron de nosotros en su lengua: *Gonachchiech ngha ngha*, que significa «gracias».

Las ballenas se han convertido en la imagen de la responsabilidad ecológica, el símbolo de nuestro respeto por otros animales, porque encarnan (junto con los perros y otros animales muy evolucionados) la idea de que los humanos no son los únicos seres de la Tierra con conciencia.

Sin embargo, la población de ballenas sigue disminuyendo hoy en día, en 2020. Muchas especies de ballenas siguen amenazadas, a pesar de la moratoria mundial (cese de la pesca) sobre la captura comercial de todas las especies de grandes ballenas desde 1986. Los mares contaminados, la modificación de sus hábitats, el ahogamiento en redes de pesca en las que acaban como capturas accidentales, el atropello por barcos y el cambio climático las están afectando. Muchas ballenas mueren a causa de los residuos plásticos. Los petroleros gigantes, los pozos petrolíferos, la construcción de parques eólicos en alta mar, la búsqueda de yacimientos de gas y el uso de dispositivos de sónar provocan cada vez más ruido submarino y provocan varamientos en masa. E incluso las excursiones turísticas de observación de ballenas las estresan.

La caza de ballenas se sigue practicando en Japón, Noruega e Islandia. Además, se sigue manteniendo a las orcas en zoológicos o delfinarios de una forma que atenta contra el bienestar animal.

A la mañana siguiente volamos a Juneau, donde tuvimos que esperar dos días antes de poder tomar el ferry a Haines. Un viaje fuera de temporada en Alaska debe planificarse con cuidado. Muchos hoteles están cerrados, los transbordadores circulan con menos frecuencia o a veces, directamente, no circulan. A pesar de las constantes lluvias, aprovechamos para hacer turismo en Juneau. Mi consejo es visitar la biblioteca municipal, desde donde se tiene una panorámica fantástica de la ciudad y las montañas de los alrededores.

El glaciar Mendenhall es una visita turística obligatoria. Esta era mi tercera visita, y cada vez está más pequeño. Ya se podían ver las consecuencias del calentamiento global, aunque en aquel entonces no se hablaba de ello.

Por la tarde, cuando por fin se despejaron las nubes y salió el sol, nos dirigimos hacia el norte, a Bridget Cove, con la ayuda del boceto que había hecho Kathy en una servilleta. Y allí estaban, visibles desde lejos y sin el balanceo de las tablas del barco bajo mis pies: ¡ballenas! Calculé que eran unas treinta ballenas jorobadas y entre ocho y diez orcas. Se las veía tranquilas y se movían juntas. Las aletas (dorsales) de las orcas asomaban fuera del agua, una vez incluso cinco a la vez, como un espectáculo de natación sincronizada con algo de sobre peso.

Cerca de la orilla y, por lo tanto, a salvo de las orcas, nadaba un grupo de unas veinte focas. Las orcas se acercaron hasta allí. Podíamos oírlas «hablar» alto y claro. Gruñían, silbaban y cantaban.

De repente, el grupo de ballenas jorobadas empezó a moverse. Los animales golpearon varias veces la superficie del agua con la parte inferior de la aleta caudal. Con sonidos muy agudos, reunieron a un banco de peces en la superficie del mar y poco después formaron una tupida red de burbujas de aire borboteante con la que envolvieron a los peces. Por último, las ballenas emergían verticalmente del mar en ebullición con la boca abierta, tragándose bancos enteros de una sola vez.

La llamada «alimentación por red de burbujas» requiere un gran nivel de cooperación e inteligencia. Todas las ballenas se movían de forma sincronizada en una coreografía perfecta. Cuando fuimos conscientes de que más o menos un centenar de ballenas jorobadas han perfeccionado este tipo de «caza con burbujas», nos quedamos boquiabiertos ante algo muy especial en nuestro último día de ballenas.

Águilas

El viaje del día siguiente a Haines para asistir al Festival del Águila Calva de Alaska continuó con una travesía por el Canal de Lynn. Nos acompañaban treinta ballenas jorobadas y un alegre banco de delfines que apareció de repente. Los animales se lanzaron al aire con una potencia y una energía desbordantes, añadiendo más espuma a las olas y haciendo que todo el paisaje fuera aún más salvaje.

Haines es una pequeña ciudad del sureste de Alaska, rodeada de agua y montañas. Aquí viven muchos artistas: pintores, talladores de madera y escritores. Para los residentes está el Chilkat Center for the Arts, cuya atracción es un teatro con doscientas cincuenta butacas y un piano de cola Steinway. La emisora de radio KHNS FM servía de centro de comunicaciones y retransmitía noticias, tanto públicas como privadas. No todo el mundo tenía teléfono y las cadenas de radio eran casi inexistentes. La radio transmitía información varias veces al día para la gente del monte, además de las noticias oficiales. Así que la radio pública no sólo contaba lo que pasaba en el pueblo, quién estaba de visita o quién necesitaba ayuda, sino también algún cotilleo privado sobre amoríos.

Muchos habitantes eran autosuficientes. Cultivaban sus propias verduras y frutas, y criaban gallinas para huevos y carne. Habían arreglado sus casas para el festival y las habían vuelto a pintar.

Cada otoño tiene lugar en la parte alta del río Chilkat la mayor concentración de águilas calvas del mundo. Hasta cuatro mil de ellas acuden a la Reserva del Águila Calva de Chilkat, concretamente en octubre, año tras año, siempre en el mismo lugar. En esta reserva natural confluyen los ríos Chilkat, Kleheni y Tsirku. Un fenómeno natural hace que un tramo de seis kilómetros del río Chilkat no se hiele y el agua subterránea caliente se filtra por debajo de su lecho. Hasta cien mil salmones chum, que tienen aquí sus aguas de origen, acuden al lugar donde una vez salieron del huevo para desovar y luego morir.

Armados con cámaras y catalejos, nos dirigimos al río entre los kilómetros 18 y 25 al norte de Haines para observar el espectáculo. Innumerables salmones nadaban juntos contra la corriente. En algunos lugares el río parecía tener más peces que agua. Miles de cadáveres plateados se alineaban en las orillas del río y nos indicaban el camino hacia las águilas.

Y allí estaban: apiñadas, las rapaces se posaban en los bancos de arena, acechaban por las aguas poco profundas y se posaban a centenares en las ramas de los álamos de hasta cincuenta metros de altura, desde donde vigilaban a sus presas. Quedaba poco espacio. Las águilas se posaban sobre sus presas, con sus garras curvadas y afiladas clavadas muy profundo, y golpeaban la carne una y otra vez con sus picos en forma de hoz. Muchas tenían peces tan pesados en sus garras que ya no podían levantar el vuelo, así que rebotaban en el aire con su comida. Los animales más viejos luchaban con las águilas jóvenes, que aún no tenían el plumaje blanco de cabeza y cola típico de las águilas calvas y se parecían más a las águilas reales. Con la temeridad de la juventud, intentaban robar la presa a los adultos. Nos maravillamos ante la indescriptible abundancia de salmones, incluso sobraba para las omnipresentes gaviotas y cuervos, que gritaban emocionados. Las glotonas águilas se balanceaban mientras saltaban con torpeza hacia el siguiente pez. El espectáculo me recordó a las históricas imágenes del *País de la Cucaña*, o a la película *La gran comilona*. Los interminables y fuertes cantos de las águilas se escuchaban desde el banquete hasta donde estábamos nosotros.

En la orilla del río pude observar a los salmones desovando en el agua cristalina. Después de su largo viaje, aún parecían que les quedaban energías, sorprendentemente. Difícil imaginar que no les quedaría mucho para ser alimento de las voraces aves rapaces, pero no sin antes haber hecho todo lo posible para garantizar la supervivencia de su especie. En un lugar poco profundo del río, una hembra cavó un hoyo en la grava con la cola y puso allí sus huevos.

Por encima y junto a ella nadaban dos machos, dispuestos a utilizar su esperma para fecundar los huevos. Se turnaban para empujar hacia un lado y flotar por encima de ella. De repente, el agua se volvió de un blanco lechoso. Los huevos estaban puestos y fecundados. El acto estaba consumado, la herencia genética de al menos uno de los machos tenía una oportunidad de sobrevivir.

Al igual que en el WhaleFest de Sitka, el Alaska Bald Eagle Festival de Haines ofreció numerosas conferencias a cargo de científicos. Al día siguiente aprovechamos para ver de cerca a una de las grandes rapaces durante una charla de un guarda forestal. El águila calva había llegado herida al centro de rehabilitación de águilas: con el plumaje manchado de aceite en la cola y el pecho, y una herida en el hombro que no cicatrizaba bien. Como el ave ya no podía volar con ella, ahora ayudaba a educar a la gente sobre su especie como «águila embajadora», con permiso del gobierno, porque las águilas calvas están protegidas de forma estricta.

El guardabosques llevaba un grueso guante de cuero al que el águila estaba sujeta por una anilla enganchada al llamado «puño largo». Esto le daba suficiente libertad para desplegar las alas, cuya enorme envergadura superaba la estatura del guardabosques y mostraba de forma impresionante la potencia que tenía el animal. Cuando batía las alas, los espectadores de la primera fila nos asustamos, porque parecía que estábamos al lado de un tren en marcha. El ave era una hembra y, con sus seis kilos de peso, pesaba un tercio más que un macho.

Aprendimos que las águilas pueden volar hasta cincuenta kilómetros por hora y que su excelente vista les permite avistar un conejo a tres kilómetros de distancia. En cambio, el águila tiene un olfato bastante malo y casi ningún sentido del gusto en comparación con otras aves rapaces. Aunque el salmón es el principal alimento de las águilas, también matan otras aves y mamíferos.

A los humanos nos gusta identificarnos con las águilas porque les atribuimos muchas cualidades que nosotros también deseamos: poder, fuerza, carisma, potencia, libertad. No es de extrañar que el águila calva sea el segundo animal heráldico más común del mundo después del león. Sin embargo, si hubiera dependido del presidente estadounidense Benjamin Franklin, el pavo se habría convertido en el ave heráldica de los Estados Unidos de América. Franklin creía que el águila tenía «mal carácter» porque roba las presas de las rapaces más pequeñas. El pavo, en cambio, era un animal original de América, preferible al águila por su intrepidez, incluso hacia los humanos. Para el Congreso, el pavo carecía al parecer de grandeza visual. Ahora el pobre aparece en la mesa todos los años en Acción de Gracias, mientras que el águila adorna el escudo nacional.

La velada cultural del Festival del Águila Calva de Alaska giró en torno al águila calva, ¿cómo no? La tribu tlingit se divide en dos clanes según el lugar en el que nacen: el clan del cuervo y el clan del águila. Para los tlingit, el águila es sagrada. Por eso sus danzas, que pudimos ver en los espectáculos nocturnos, giraban en torno a su relación con esta gran ave rapaz.

—Todos estamos conectados entre nosotros. Mis abuelas, mis tías, mis hijos, el águila y el lobo —, dijo el jefe de la tribu tlingit por la tarde al dar la bienvenida a los participantes.

El último día del Festival del Águila tuvo lugar el acto más importante: la liberación de las águilas. Cinco águilas heridas en los últimos meses y que se habían recuperado en el Centro de Tratamiento y Aprendizaje de Aves de Anchorage iban a ser liberadas en su hábitat natural con una ceremonia. Los tlingit, vestidos de fiesta, se reunieron en una colina junto al río Chilkat. Formaron un círculo alrededor de las camionetas con las cajas de transporte que contenían las aves y cantaron, tocaron el tambor e interpretaron danzas en su honor. Turistas y fotógrafos se reúnen a orillas del río.

Cuando sacaron de la caja a la primera águila, el fuerte animal, que llevaba un bonete sobre la cabeza, opuso resistencia. El anciano de la tribu la sujetó con ambos brazos, le quitó el tocado y la lanzó al aire entre los aplausos de los espectadores. El pájaro voló bajo sobre el suelo, elevó el vuelo dando círculos y dio una vuelta por encima del público.

La siguiente águila se soltó en honor de un amigo fallecido del jefe. La viuda del hombre necesitó ayuda para sostener el pesado cuerpo. Justo antes de soltarlo, intentó besar la cabeza del ave. El águila la picoteó con su afilado pico, aunque no le dio en la cara. Aquello podría haber sido un verdadero espectáculo para la vista. Se liberaron otras tres águilas calvas en su hábitat natural, cada una de ellas acompañada por una ovación de los participantes.

Todos los meses de mayo, cuando un águila desplegaba sus alas y levantaba el vuelo, me sentía como si volara con ella. La mezcla de salvajismo y libertad que sentía hacía que se me saltaran las lágrimas. No había ni una persona con los ojos secos, ni entre los miembros de mi grupo ni entre la mayoría de los espectadores.

Según la leyenda tlingit, trae buena suerte que un águila dé una vuelta más sobre la gente después de su liberación. Esa tarde, las cinco dieron su vuelta de honor.

Al día siguiente condujimos con el coche de alquiler por Haines Junction y Whitehorse, pasando por el Parque Nacional de Kluane, hasta Skagway.

Al principio, la carretera estaba cerrada por la nieve, una situación con la que hay que contar en el extremo norte. Luego se despejó. Aunque en todos los años que llevo viajando por Alaska nunca había visto tantos animales salvajes como en Yellowstone (lo cual no es de extrañar, porque en Alaska se les caza), de repente apareció un coyote delante de nosotros en la carretera. Poco después se cruzó en nuestro camino un lobo, y poco después asustamos a una enorme hembra de alce con su cría. Ambos galoparon junto a nuestro coche antes de meterse entre los arbustos.

El trayecto por el puerto nevado hasta Skagway fue un cuento de hadas invernal lleno imágenes de postal. No nos cansábamos de admirar la belleza de la naturaleza.

Tras regresar de Alaska, tardé un tiempo inusualmente largo en asentarme en Alemania. Una y otra vez mis pensamientos volvían a las ballenas y las águilas. Sólo poco a poco me di cuenta de lo que había vivido e intenté comprender lo que me estaba haciendo. Estaba irritada y confusa. En pocos días me había encontrado en medio de un grupo de cien ballenas, y luego entre cuatro mil águilas. Estas cifras por sí solas son difíciles de asimilar para la mente humana. Una persona por lo general se alegra cuando ve uno o dos de estos animales, pero esa cantidad...

Fue como si el Espíritu Santo se hubiera posado sobre mí y me hubiera abierto los ojos a un mundo de maravillas. En Alaska, mis pensamientos seguían demasiado ocupados con la organización diaria que conlleva ser guía turístico. ¿Llegaremos a tiempo al ferry? ¿Colaborará el tiempo? ¿Dónde comeremos por la noche? ¿Estará todo el mundo contento? Mi cuerpo rebosaba adrenalina, que tenía que descargar primero para poder disfrutar. Había «apagado» mis sentidos por miedo a volverme loca. Una vez en casa, después de haber descansado, las imágenes volvieron a aparecer en mi memoria, pero echaba de menos esa sensación de «asombro». ¿Dónde había quedado mi sentido de la admiración? ¿Las experiencias con ballenas y águilas eran demasiado grandes para mi mente?

¿Me estaba agobiando? ¿Podría ser que la gran cantidad de animales me hubiera sobrepasado? ¿Que una ballena en Maine me conmovió más que cien en Alaska? He visto muchos grupos grandes de animales en mi vida: manadas de lobos, bisontes y caribúes, águilas y ahora ballenas. ¿Por qué, de repente, ya no tengo espacio para la admiración, el asombro y los milagros? Me entristeció.

Anhelaba volver a ser una niña, mirar el mundo entero con ojos de asombro y emoción. Un niño no se pregunta por qué las cosas son así, sino que se asombra de la vida y la mira con inocencia, pureza y curiosidad. Como adultos, a veces estamos tan ocupados con otras cosas, con nuestra vida cotidiana, que ya no podemos disfrutar del momento y perdemos la sensación de asombro.

Técnicamente, el asombro es una emoción que experimentamos cuando un estímulo sensorial supone un nuevo reto y de gran magnitud para el sistema límbico del cerebro. Tiene una cualidad muy entretenida, que nos hace reflexionar de una manera profunda y tranquila. Es una sensación cálida y positiva, y tenemos la impresión de que el tiempo se detiene. El asombro es la única emoción que nos empuja a la inacción y no a la acción, y nos aleja de nuestro propio egocentrismo. Una experiencia que nos hace maravillarnos nos hace sentir más pequeños. No insignificantes, sino más pequeños en el sentido de que formamos parte de un todo mayor. Puedes tropezar con algo asombroso en la naturaleza y perdértelo por completo porque tus ojos no están abiertos a ello. Por eso rara vez experimentamos milagros como adultos. Para un niño, el asombro es un cohete que te lanza a las órbitas de la curiosidad, donde todo es una oportunidad para aprender. En la edad adulta, es una fuerza de anclaje.

Quería volver a maravillarme y probé un truco. Reduje el mundo de cien ballenas en toda su gigantesca gloria a este único ojo de la ballena de Maine. La mirada de otro animal puede tener un impacto significativo en nosotros. El ojo de la ballena me desestabilizó la confianza en mí misma. Estaba mirando a un mundo en el que no tenía ninguna importancia como ser humano. Aunque había deseado con todas mis fuerzas «conectar» con la ballena, al final no me interesó; sólo sentía curiosidad. El hecho de no poder hacer nada, de no tener ningún control sobre el animal, me hizo sentir una humildad tremenda.

Todos podemos aprender de nuevo a maravillarnos como niños y a percibir la belleza del mundo de forma más consciente, a través de la naturaleza. Para ello no necesitamos cien ballenas ni mil águilas. No necesitamos un Himalaya ni un océano infinito. Podemos admirar las pequeñas cosas de la vida. De la libélula mudando de piel, del pájaro construyendo su nido. Un paseo por un prado, observar el trabajo de las hormigas o la visión de un arco iris son un comienzo. Juré no volverme nunca indiferente a las maravillas de la naturaleza.

Hay muchos momentos en los que sentimos ese asombro. Me encantan todos los fenómenos y acontecimientos naturales; todos los eclipses lunares y solares que se acercan los apunto meticulosamente en mi calendario, e intento organizarlos para poder estar presente. Las auroras boreales encabezan mi «lista de éxitos naturales», ya que cada vez que las veo reajustan mi visión del universo.

Las auroras boreales: para mí, estas místicas cortinas de luz tienen un verdadero potencial adictivo. La explicación técnica es poco romántica: las auroras se producen por una colisión de partículas cargadas eléctricamente procedentes del sol que chocan con la atmósfera terrestre. Cada once años, el ciclo de manchas solares alcanza su máxima actividad y se crean luces que siguen las líneas del campo magnético terrestre. Se arremolinan y combinan de tal forma que parece como si estuvieran bailando. Por eso en algunas partes del mundo se las llama *Merry Dancers* (bailarinas alegres).

He visto a estas bailarinas alegres por todo el norte, a veces también en Alemania y una vez incluso en mi ciudad natal, en un año en que la actividad solar era especialmente frecuente y fuerte. Normalmente empezaban con un arco luminoso verdoso. Luego, poco a poco, todas las formas aparecían en el cielo, como «focos» blancos detrás del horizonte, olas que danzaban directamente sobre mí o seductoras flores de color rojo sangre que se abrían lentamente.

Recuerdo una gélida noche de invierno en Minnesota en la que experimenté unas auroras especialmente coloridas. Ya se habían insinuado con velos verde claro las noches anteriores. Así que decidí pasar la noche al aire libre. Puse una almohadilla caliente en la nieve, el gordo saco de dormir encima y me vestí con ropa de abrigo, incluidos gorro y guantes. Me dormí rápidamente, hasta que me despertó una extraña sensación: el aire vibraba. Miré hacia arriba y vi cómo se levantaba el telón del teatro de los cielos. Velos verdes danzaban y se fundían con formas rosas, misteriosas y en constante cambio. Remolinos de luz amarilla y púrpura llenaban el cielo antes de desvanecerse para dar paso a la siguiente ola. Rayas verticales verdes flotaban destellando o giraban en círculos. Me tumbé en mi saco de dormir en medio de esta aparición fantasmal y traté de absorber la danza de colores, para no volver a olvidarla jamás. Desde aquella experiencia, soy adicta a las auroras e incluso estaría dispuesta a mudarme al polo norte por ellas.

Cuando estudiaba Derecho, trabajé para Northwest Airlines como intérprete a bordo durante las vacaciones semestrales. Mi trabajo consistía en hacer anuncios en alemán y francés y traducir cuando los pasajeros extranjeros tenían preguntas. Como no se me permitía ayudar con el servicio, la mayoría de los vuelos transatlánticos eran realmente aburridos. Sin embargo, había dos cosas que esperaba que ocurrieran con impaciencia, pero sucedían muy pocas veces.

La primera fue la ruta sobre Groenlandia. Rara vez se ve la isla sin nubes. Es aún más hermosa cuando se tiene la oportunidad de vislumbrar glaciares de un blanco resplandeciente e icebergs en mares de color azul intenso. Así ocurrió un día. Sabía por la ruta planificada y el parte meteorológico que tendríamos unas grandes vistas. Terminó el servicio y yo estaba pegada a una ventanilla, viendo aparecer los primeros icebergs a lo lejos mientras la tripulación empezaba a bajar las persianas de las ventanillas delante de las narices de los pasajeros. Volví a subir la persiana y el camarero la bajó.

—Los pasajeros quieren ver la película, así que debe estar oscuro.

—¡Pero ahí abajo está Groenlandia! —, respondí indignada.

—Quieren ver la película.

Estaba furiosa, cogí el micrófono e hice un anuncio por mi cuenta. —Señoras y señores. Estamos volando por una ruta muy inusual directamente sobre Groenlandia en este momento y tenemos unas vistas maravillosas. Miren por la ventana —. Inmediatamente, casi todas las persianas se levantaron. Los colegas se cabrearon, pero la azafata jefa al menos puso la película en pausa. Las caras sonrientes de los pasajeros compensaron la reprimenda que recibí de la tripulación tras el aterrizaje.

En otra ocasión tuve un vuelo nocturno de Boston a Frankfurt. Estuve antes en la cabina y había visto auroras boreales en el horizonte. Cuando le pedí al capitán que hiciera un anuncio, se negó. No estaba permitido, dijo, porque no había que molestar a los pasajeros que ya dormían. De nuevo me quedé de piedra, sobre todo porque estábamos volando directamente hacia la aurora boreal. Así que volví a practicar la desobediencia civil y recorrí la cabina para dirigirme directamente a los pasajeros que no dormían, sino que se limitaban a ver películas o leer: «Si quieren ver algo único, suban la persiana».

En la primera clase iban la actriz estadounidense y actual activista climática Jane Fonda y su hermano Peter. La tripulación se horrorizó al ver que me acercaba a Jane y le avisaba del fenómeno natural. Sin embargo, despertó a Peter y ambos me dieron las gracias después.

La admiración por tales acontecimientos naturales se considera la emoción más poderosa de todas y una de las principales emociones positivas, junto con la alegría, la satisfacción, el orgullo y el amor. Es algo que nos sobrecoge y que queremos compartir. Asombrarnos juntos por algo refuerza nuestras conexiones emocionales y reduce el estrés.

Hay momentos tan bellos y fascinantes en la naturaleza: el ojo de una ballena, la colorida danza de las auroras boreales o, como siempre describen los astronautas, la vista de nuestro planeta azul desde el espacio. Son momentos que nos dejan asombrados y sin palabras. Son un regalo que nos abre el corazón y puede cambiarnos para siempre.

Días en silencio en el gran cañón

El 20 de febrero, la víspera de mi cincuenta cumpleaños, me planté en el South Rim del Gran Cañón y contemplé una de las mayores maravillas naturales de la Tierra. Quería adentrarme en aquel profundo desfiladero a la mañana siguiente y quedarme allí una semana entera. Mi corazón palpitaba de emoción.

Conocía el Gran Cañón y lo había visitado innumerables veces, como turista y como guía turística. A veces me adentraba un poco en la primera meseta, hasta Indian Garden, y volvía. Una vez participé en un taller de tres días, Fotografía del Interior del Cañón, con el Grand Canyon Field Institute. El tiempo pasado en el campamento a orillas del río Colorado había despertado en mí el deseo de volver, de experimentar este lugar mágico durante más tiempo y de forma más intensa. Con el cañón de casi dos mil millones de años, ¿qué mejor momento que mi humilde medio siglo de vida?

Sin embargo, no se entra en el Gran Cañón, así como así. Mi plan requería una cuidadosa organización. Necesitaba un permiso del parque nacional y una reserva para el Phantom Ranch, el único lugar donde alojarse en el cañón aparte del camping. Para reservar una cama o una cabaña, primero hay que tener ganas de quedarse y luego ser muy rápido. Dos años antes de mi fecha deseada, se abrió el plazo para reservar. En casa, en Alemania, había puesto el despertador a medianoche para poder llamar a tiempo. Cuando recibí la confirmación de un camarote tras cuarenta minutos de pulsar el botón de rellamada, me sentí como si hubiera ganado la lotería. Por cierto, hoy en día el método de reserva telefónica ya no funciona. Desde 2017, el alojamiento en Phantom Ranch solo se puede conseguir por sorteo en línea. Así que estaba hecho. Pasaría mi quincuagésimo cumpleaños en el Gran Cañón.

Dos años después, volé a Flagstaff y de allí a Williams por la Ruta 66. Me había decidido por un viaje sin estrés y nostálgico, como se correspondía con mi edad, y reservé un viaje en tren en el Grand Canyon Railway desde Williams directamente hasta el South Rim. El histórico tren había vuelto a ponerse en servicio hacía poco y debería contribuir a descongestionar el tráfico y reducir la contaminación atmosférica.

Pasé la noche en la estación de tren, en el hotel Fray Marcos. A primera hora de la mañana nos levantamos todos de la cama y con un «duelo» en la línea de la estación (una recreación de un tiroteo entre sheriffs y bandidos), anunciaban la salida del tren.

Los conductores con guantes blancos saludaron a los pasajeros y, cuando todos estaban subidos, la locomotora de vapor se puso en marcha, resoplando, con la llamada del conductor: «¡Todos a bordo!».

El vagón del Harriman de 1923, original y restaurado, me hizo retroceder en el tiempo con sus mullidos sillones, su gruesa moqueta y sus paneles de madera. Al subir al puesto de observación abierto del último vagón, pensé que en cualquier momento aparecería un grupo de bandidos en el horizonte y atacaría el «caballo de fuego».

Mientras tanto, Ginnie, nuestra auxiliar de tren nos servía un desayuno a base de magdalenas, café y fruta fresca en platos de porcelana con cubiertos de plata. La compañía ferroviaria se desvivía por hacer felices a sus pasajeros. Buck, el vaquero cantarín, aparecía regularmente para cantarnos *Home on the Range*. La última vez que cantó las alabanzas del *Chattanooga Choo Choo*, a todos los pasajeros se les cambió la cara.

No dejaba de sentirme atraída por estar fuera para disfrutar del paisaje familiar del norte de Arizona que se veía desde el tren. Una pareja de ancianos me preguntó cuándo se vería por fin el cañón. Les expliqué que tendrían que esperar hasta llegar a Grand Canyon Village.

Eso es lo que tiene de especial este desfiladero único: nadie en su primera vez aquí está preparado para esas vistas, tanto si viene en coche como a pie. Por el contrario, en una excursión por la montaña, se puede ver el lugar de destino desde lejos y el ascenso se hace en varias etapas. No ocurre lo mismo con el Gran Cañón. Conduces por una meseta llana, cubierta de salvia del desierto y pinos, y de repente la tierra se abre ante tus pies como ante un bostezo. Parece una cadena montañosa vuelta del revés: cuatrocientos cincuenta kilómetros de largo, treinta de ancho y 1,6 de profundidad.

Sin embargo, también he experimentado otra reacción a esta primera impresión que me dejó escandalizada. Estaba en Mather Point cuando una furgoneta entró en el aparcamiento y las puertas se abrieron de golpe. Una madre y tres niños saltaron y corrieron hacia el andén. Todos parecían muy impresionados. Mientras tanto, el padre estaba ocupado con su smartphone. Se quedó a un lado, filmando y fotografiando a su familia y subiendo y bajando por el cañón hasta que, obviamente, se hartó. Entonces se dio la vuelta y regresó a toda prisa al vehículo.

—Vale, todo el mundo. Volved al coche —, gritó y miró su reloj de pulsera. Habían pasado cinco minutos como mucho. Su tono sonaba como si tuviera prisa.

—Pero papá —, protestó uno de los niños. —Acabamos de llegar.

—No pasa nada —, fue la respuesta. —Lo he grabado todo, puedes verlo cuando lleguemos a casa.

—Deprisa —, añadió la madre. —Todavía tenemos que visitar dos parques hoy.

Casi dos mil millones de años de historia de la Tierra fotografiados, guardados y tachados de la lista. El hombre y la naturaleza. Mientras solo experimentemos la naturaleza a través de la ventanilla de un coche o en la pantalla de nuestros smartphones, nunca sabremos lo que significa formar parte de ella.

El viaje en tren terminó demasiado pronto en el Grand Canyon Depot, un monumento histórico nacional construido en 1901 con troncos de árbol enormes, a sólo cincuenta metros del borde del cañón y del histórico Bright Angel Lodge. Había reservado una habitación para la primera noche con el fin de descansar y prepararme. Después de todo, me esperaba una caminata agotadora de 1600 metros de desnivel y cinco subidas; siete horas de bajada y entre diez y doce de subida.

Me registré y dejé mi equipaje en la habitación. Una fuerza magnética me atrajo hacia el borde del cañón, el South Rim.

Hacía dos años que no venía. Lo echaba de menos. Aunque la vista me resultaba familiar, otra vez volvió a dejarme sin aliento. Caminé por el sendero del borde hasta encontrarme sola y me senté en una roca de granito. Respiré profundamente el aire seco de Arizona. Olía a una mezcla de artemisa para la tos y a que la época de nevadas estaba próxima.

Ningún autor puede describir adecuadamente el Gran Cañón, ningún artista podrá jamás representarlo. No se puede capturar. En su sublime inmensidad, no sólo es único, sino universal. El gigantesco cañón es para la naturaleza lo que la humanidad es para nosotros: la suma de todos los aspectos, unidos en un todo único y magnífico. Es la creación per se.

¿Qué tiene de atractivo este «agujero», como Ken, el director de nuestro taller de fotografía había llamado cariñosamente al cañón?

Dejé vagar mi mirada y encontré todas las formas que conocía, como cumbres elevadas y montañas enteras que emergen de las profundidades: Había llanuras enormes, mesetas lisas, colinas y monolitos. Contemplé un escenario que parecía como si los dioses se hubieran entretenido construyendo pirámides, templos o castillos, esculpiendo pináculos, tejados puntiagudos, pilares y torres, tallaron puentes y arcos, diseñando terrazas, balcones y balaustradas.

Se había hecho tarde. El sol se acercaba al horizonte y el espectáculo de colores provocaba una auténtica avalancha de turistas y fotógrafos. Los tonos aún parecían discretos, como delicados pasteles. Pero a medida que el sol se ocultaba, el amarillo se volvía naranja, el rosa salmón rojo, el verde y el azul grisáceo azul ciruela y el lila morado. El murmullo constante de los turistas fue sustituido por el chasquido de las cámaras y el silencio del asombro.

La vida humana es demasiado corta para observar las infinitas variaciones de roca y color del Gran Cañón. Cambian con cada estación, cada hora y cada cambio de luz y clima.

Como guía turística, el Gran Cañón era para mí una visita obligada en cada viaje a EE. UU. y, por supuesto, no podía faltar un amanecer o una puesta de sol. En la época de la fotografía analógica, mis clientes competían por ver quién había usado más carretes para capturar este fenómeno.

Para mí, sin embargo, las vistas más bonitas son en invierno, cuando tras una fuerte nevada las mesetas están blancas y cada rama se cubre de cristales de hielo. En medio de este marco helado, el cañón irradia calidez.

También es una gran experiencia cuando el desfiladero está envuelto en niebla y sólo sobresalen de la capa de nubes algunas pequeñas columnas de color rojo óxido. Un día de niebla tan mágico me costó una queja al operador turístico en una de mis excursiones. «La señora Radinger no se aseguró de que estuviera despejado». La señora Radinger lo siente mucho.

De nuevo en mi habitación, me preparé para el día siguiente. A diferencia del taller de fotografía de hace dos años, en el que las mulas habían transportado nuestras tiendas y equipaje hasta el desfiladero, esta vez yo sería mi propia mula. Por lo tanto, se trataba de llevar todo lo necesario, pero lo menos posible. Cuando tienes que cargar tú mismo con todo el equipo, las cosas supuestamente importantes se vuelven irrelevantes.

Necesitaba comida y agua para la caminata.

Preparé mi propia mezcla de frutos secos combinando cacahuetes salados, M&M, pasas sultanas y pepitas de chocolate. Dividí la cantidad en dos bolsas: una para la ida y otra para la vuelta. También empaqueté barritas de muesli, manzanas, zanahorias y carne seca (cecina), y tres litros de agua para la bajada.

Para la estancia en el rancho, en la mochila iban dos camisetas, ropa interior, cepillo y pasta de dientes y jabón, ecológicamente degradable. Mi equipo de emergencia consistía en una linterna que podía convertir en frontal (por la noche no hay ninguna fuente de luz en el cañón), una navaja suiza, un botiquín de primeros auxilios, un silbato y un equipo de emergencia para serpientes. Esta pequeña caja de plástico de color amarillo o naranja brillante contenía un torniquete, una bomba de succión con dos accesorios de distintos tamaños y material para limpiar heridas, como almohadillas con alcohol y vendas para cubrir la mordedura. Para mayor seguridad, metí en la mochila pastillas de magnesio contra las agujetas que me esperaban. No quería prescindir de mi diario, ni tampoco de la lectura, así que me llevé un libro de bolsillo que dejaría más tarde en el rancho. Ahora estaba preparada para cualquier cosa.

A la mañana siguiente el tiempo era perfecto: ni una nube en el cielo y con cinco grados centígrados, la temperatura ideal de partida para la dura caminata.

El autobús de enlace me dejó puntual a las ocho en el punto de partida y entrada del sendero South Kaibab Trail. Tras echar un vistazo al sendero, completamente helado, me puse clavos en los zapatos. Me até el cinturón con la cámara y dos botellas de agua alrededor de la barriga, me eché la mochila al hombro y ajusté el cinturón, me puse la cinta de la cabeza y los guantes y agarré con fuerza los bastones de senderismo. Otra pequeña oración de ánimo para un descenso seguro, y luego di el primer paso con un discreto «Feliz cumpleaños para mí».

Al cabo de una hora, el sol se elevó por encima de las rocas e invirtió el espectáculo que había observado la noche anterior. Todo el abismo parecía elevarse, centímetro a centímetro hacia la luz. Parecía como si botes de pintura se cayeran y se desbordaran, y la pintura se filtrara por las paredes y se acumulara en los charcos.

—¡Hola! —, una voz me quitó de mi estado de fascinación. Le siguió un «¡Uy!», y un joven en zapatillas de deporte se deslizó por el sendero cuyo hielo acababa de empezar a descongelarse. Era un estudiante de Phoenix que quería caminar «sólo por una vez» hasta el Colorado y volver para hacer ejercicio por la mañana temprano. Cuando le dije que iba a quedarme allí una semana, le pareció «guay» y se apresuró a seguir. Fue uno de los cinco corredores que me adelantaron. Me dieron pena porque no se tomaron el tiempo de contemplar la belleza del paisaje. Sin embargo, si hubieran seguido parándose como yo, probablemente no habrían vuelto el mismo día.

El día anterior, tuve que registrar en la oficina de montaña los horarios previstos para el comienzo y el final de mi excursión. «Tómate al menos un descanso de cinco minutos cada hora y un descanso más largo para comer cada dos o tres horas. Y no olvides beber mucho», me dijo el guarda forestal. Seguí al pie de la letra este consejo, porque ya había experimentado de primera mano las consecuencias de la deshidratación en un viaje al Valle de la Muerte, en Nevada: diarrea y colapso circulatorio. Lo único que ayuda es beber más. Es fácil olvidar que uno se encuentra a 2.200 metros de altitud en el South Rim.

El sendero South Kaibab es casi cuatro kilómetros más corto que el de Bright Angel Trail que había planeado para el camino de vuelta, pero mucho más empinado. La mayor parte del tiempo tuve que bajar escalones desgastados de entre veinte y cincuenta centímetros de altura. El sendero era muy irregular porque también lo utilizaban las mulas que llevan turistas y comida al cañón. Había rocas por todas partes que tenía que sortear. Eso exigió toda mi atención. Dudo que lo hubiera conseguido sin bastones de senderismo, y menos con la mochila de veinte kilos. Para reponer la energía perdida, me paraba una y otra vez a beber, comer una barrita de muesli o simplemente a hacer fotos. Seguí el consejo de Ken en el taller de fotografía del Interior del Cañón: «Tienes que fotografiar dentro del cañón. Nada de meseta con cielo. Eso es un error de principiante y hace que tus fotos sean planas. Consigues la profundidad del cañón fotografiando directamente dentro de él».

A medida que subía el sol y brillaba sobre el sendero, subían las temperaturas. Así que poco a poco pude desprenderme de mi ropa de abrigo. En verano, el sendero South Kaibab es muy peligroso porque no hay sombra.

Cada curva del camino revelaba otra escena maravillosa y me invitaba a seguir. Uno no ve realmente un lugar hasta que lo ha recorrido a pie, por muchos miradores en los que se detenga.

Hasta en tres ocasiones en el camino de bajada me encontré con mulas que transportaban el casco del Rancho Phantom hacia arriba o comida y turistas hacia abajo. Estos animales tan modestos son mucho más seguros que los caballos y soportan bien el calor. Cuando vi a las sudorosas mulas y burros, decidí cargar yo misma con todos los desperdicios en la vuelta de subida. No quería que los animales tuvieran que cargar con mis desechos personales y con los del rancho y el campamento. Por cierto, todos los excursionistas del cañón están obligados a hacerlo. No hay papeleras en el rancho.

A las once me tomé un largo descanso y estaba comiendo mi salami seco y salado, junto con nueces y M&M's, cuando dos vaqueros con burros muy cargados vinieron hacia mí. En el estrecho sendero, los animales iban atados unos detrás de otros con cuerdas finas, supuestamente para evitar que, si un burro se caía, todos los demás fueran detrás.

Uno se inquietó, se colocó las orejas y empezó a dar brincos. Pero a pesar del miedo que tenía de que se fuera a caer por la pendiente, se agarró rápidamente. El último burro simplemente se detuvo. En el proceso, su conexión con los otros animales se rompió. A pesar del pánico que me daban los equinos, reaccioné de forma valiente; agarré las riendas y llevé al animal de vuelta al vaquero.

«Gracias, señora». Golpeó con dos dedos el ala de su sombrero y siguió adelante. Justo después sentí que me temblaban las rodillas.

Debería tener fe en las mulas y burros del Gran Cañón, que realizan su duro trabajo día tras día con pisadas firmes. Con turistas muy pesados a sus espaldas, a veces caminan supercerca del abismo, cosa que se confirma con los gritos de pánico de estos.

Los burros son los animales de granja más importantes del mundo y siguen de cerca a los humanos, incluso más que los perros. Millones de burros realizan el duro trabajo de arrastrar, cargar, arar y tirar. Son tractores, camiones de reparto, carros familiares y sirvientes, y son excelentes protegiendo a las ovejas de los depredadores. Lamentablemente, con demasiada frecuencia se explota su sufrimiento y bondad y se les maltrata. ¡Qué poco agradecemos a estos maravillosos animales su servicio!

En el descenso, uno o dos excursionistas se cruzaron conmigo. Algunos se tomaron su tiempo para charlar, pero la mayoría prefirió la soledad. Un rápido «¡Hola!», una sonrisa y ya está. Cada uno tenía bastante con lo suyo.

Descender más por el desfiladero reveló la tercera dimensión del cañón: su increíble profundidad. Descendí 1,6 kilómetros desde el South Rim, trescientos metros más desde el North Rim. Atravesé cinco zonas climáticas hasta el fondo del Gran Cañón. Eso equivalía a ir del centro de México al norte de Canadá, de la nieve en el Rim al clima semitropical junto al río Colorado. A través de todas las zonas de vida vegetal, desde los mezquites del desierto de Sonora hasta el álamo temblón canadiense.

El cañón sigue creciendo en longitud y anchura a medida que el río se adentra más y más en la piedra. Su inmensidad aumenta. Pero estas dimensiones son sólo su marco. El Gran Cañón es como una droga: cuanto más tomas de él, más quieres. En mi excursión, me he encontrado con excursionistas solitarios que vuelven una y otra vez al «agujero». Es la fascinación indefinible e irresistible por el cañón lo que les mantiene allí.

Hacia las 2 de la tarde crucé el puente colgante Kaibab que pasa por encima del Colorado. Un guarda forestal comprobó mi reserva. Luego me quedé en el suelo del Gran Cañón y observé con devoción cómo el Colorado, de color marrón rojizo, fluía tranquilamente. Lo había conseguido y había cumplido la primera parte de mi deseo de cumpleaños. Ahora sólo tenía que volver a subir a la cima con vida dentro de unos días.

Phantom Ranch está situado en un verde valle lateral del Gran Cañón, en Bright Angel Creek, al abrigo del calor estival gracias a los sauces y álamos. Las cabañas de madera y el refugio de 1922 transportan a los huéspedes a otra época. El repiqueteo de los cascos de los burros en el sendero, el suave murmullo de los vaqueros al tirar de las pesadas alforjas de los animales. El hombre y el animal forman una unidad centenaria.

Los huéspedes se alojan en cuatro «dormitorios» (habitaciones compartidas), cada uno con diez literas, perfectamente separadas en hombres y mujeres. Además, hay dos duchas y varias cabañas de madera. Me permití el lujo de tener una cabaña para mí sola. El mobiliario consistía en dos literas, una mesa simple y una silla de madera, un lavabo con agua fría corriente y un minúsculo retrete en un armario.

Me senté en el banco frente a la cabaña, estiré mis piernas doloridas y disfruté de los últimos rayos del sol. El termómetro de la casa principal del rancho marcaba veinte grados centígrados cuando llegué. A medida que las cabañas se sumergían en la sombra, refrescaba rápidamente. Arriba, en el Rim, el sol seguía brillando. Allí seguía la vida normal. Era una sensación surrealista e indescriptible.

El sonido de la campana de la cena me apartó de mis pensamientos. Me dirigí al comedor de la casa principal del albergue. La comida se servía en dos turnos en mesas largas y a horas fijas: la cena a las 17:00 y a las 18:30, el desayuno a las 05:30 y a las 06:30. La puntualidad era importante y si llegabas tarde, te encontrabas con la puerta cerrada. Todas las comidas debían reservarse en el alojamiento. El menú es el mismo todo el año: estofado de ternera un día, filetes al siguiente, más un plato vegetariano cada día. En Navidad las mulas llevaban pavos congelados al rancho. Cuando hice la reserva me pareció difícil decidir de qué tendría hambre dentro de dos años. Pero ahora no me importaba en absoluto. Lo principal era consumir muchas, muchas calorías.

La comida se servía en grandes cuencos sobre las mesas con ensalada, verduras y pan de maíz. El alcohol estaba prohibido, pero tomábamos té helado, agua fría y café. De postre, pastel de chocolate (siempre). Así que, si pasabas varios días aquí, la comida podía volverse monótona. El desayuno era siempre el mismo: huevos con beicon, tortitas y melocotones de lata.

Para la cena teníamos asientos asignados para todos los días junto a otros excursionistas, incluso había parejas que estaban separadas. Así debíamos conocernos mejor. Éramos un grupo de desconocidos, pero todos teníamos algo en común: el senderismo.

Un murmullo multilingüe e inglés con diversos acentos se elevó por encima del traqueteo de los cubiertos. La mayoría éramos de mediana edad. Los más jóvenes eran probablemente más como los que me había encontrado por el camino: en el cañón y fuera del cañón. También eran de los que preferían pasar la noche en el campamento. Algunos de los mayores parecían no estar preparados para una caminata tan dura, pero ahí no hay vuelta de hoja. Sus razones para adentrarse en el Gran Cañón eran tan variadas como sus personalidades. Muchos utilizaban la aventura como indicador de su lucha contra la vejez o como vía de escape de los problemas de su vida. Otros disfrutaban de la belleza y la paz de las profundidades.

Leslie, una fisioterapeuta de cuarenta y cinco años de Massachusetts y se estaba buscando a sí misma. «Recuerdo a una joven llena de curiosidad y ganas de vivir, pero no era la que me miraba al espejo hace poco», me dijo durante el almuerzo. La caminata pretendía ayudarla a tomar decisiones personales. Algunas de sus amigas quisieron apuntarse a su plan al principio, pero luego todas encontraron alguna excusa.

Peggy, de 58 años, era vicepresidenta de un banco de Columbus (Ohio). Había pasado por una experiencia similar a la de Leslie. Peggy habló del trabajo, del agotamiento y de la necesidad de redefinir los límites de su vida. Le regaló a su marido Bill un libro por su sesenta cumpleaños titulado *Every Year an Adventure (Una aventura cada año).* Bill eligió la aventura número uno: el Gran Cañón.

—No sé si ha sido una buena idea —, me dijo el hombre de complexión fuerte, poniendo los ojos en blanco.

—Llegamos hace dos días y mi mujer quiere hacer una excursión distinta cada día.

Peggy le sonrió y le apretó la mano. «No tengo suficiente».

Serge, de cuarenta y siete años, profesor de matemáticas, y su esposa Nancy, de cuarenta y tres, enfermera, de Mount

Shasta, California, llevaban esperando en la lista de espera incluso más tiempo que yo. En 1981, los dos cruzaron América en bicicleta. —Con diez dólares al día —, añadió Serge con orgullo. Ahora, veinte años después, querían volver a hacerlo.

—Pero esta vez nos lo tomaremos con calma —, replicó Nancy.

John, el estudiante que cocinaba y servía aquí durante sus vacaciones semestrales, empezó a recoger la mesa y a prepararla para el siguiente turno de comida. Nos recomendó que nos uniéramos a uno de los programas de los guardabosques donde los huéspedes podían aprender cosas entretenidas y educativas sobre el Gran Cañón. Sin embargo, yo estaba demasiado cansada y volví cojeando a mi cabaña. Antes de dormirme oí a lo lejos a un coyote cantando mi canción de cumpleaños.

Pasé los siguientes días recorriendo el cañón durante el día y por la noche escuchando a los guardas alrededor de la hoguera o maravillándome con el increíble cielo estrellado. Aquí, donde no había fuentes de luz que molestasen, parecía como si la naturaleza hubiese esparcido millones de diamantes brillantes sobre un paño de terciopelo negro azulado. La Vía Láctea brillaba en todo su esplendor, y de vez en cuando pasaba un satélite o un trozo de chatarra espacial brillante. El silencio de la noche sólo se veía roto por el suave bufido de las mulas y el aullido de los coyotes.

Como buena madrugadora, disfruté muchísimo del amanecer. Incluso sin despertador, a las cinco ya estaba despierta. Me vestí con ropa de abrigo, cogí la linterna y me alejé un poco del rancho. Al parecer no fui la única, porque en algunos lugares vi el destello de las luces.

En Bright Angel Creek me senté en una roca y contemplé cómo las estrellas se apagaban lentamente. La oscura cortina que cubría el cañón se fue haciendo más pequeña hasta que, al final, se levantó por completo y las paredes del cañón se hicieron visibles. Entonces el sol entró en escena. Anunció el nuevo día y transformó los colores y los paisajes en un auténtico caleidoscopio. El chapoteo del río acentuaba este espectáculo divino. Sería mucho más fácil que hubiera menos guerras si todas las personas pudieran empezar el día en semejante paz. Ese fue mi atrevido pensamiento.

En mis exploraciones por el interior del cañón, tuve que dar marcha atrás una y varias cuando enormes paredes rocosas bloqueaban el camino. Me adentré en verdes valles, vadeé arroyos cristalinos y trepé por desfiladeros, pasando junto a espectaculares cascadas y grabados indígenas.

En el sendero South Kaibab Trail retrocedí un poco hasta el puente colgante. Aquí el Colorado todavía fluye con relativa calma, mientras que donde la garganta se estrecha se convierte en un río embravecido con fuertes corrientes. El puente era lo bastante ancho para que pasara un caballo, pero nada más.

Me hubiera gustado recorrer el sendero North Kaibab Trail hasta el borde norte del cañón, que es otros trescientos metros más alto que el borde sur. Sin embargo, este sendero estaba cerrado en febrero por el hielo y la nieve.

Cada día que pasaba en el Gran Cañón perdía un poco más la noción del tiempo. Toqué piedras que tenían miles de millones de años. Gruesas formaciones de cristales de cuarzo se extendían horizontalmente a través de las rocas. En casa tengo un cristal en mi escritorio. Siempre digo que me da energía.

Pero aquí estaba yo en su lugar. En algunas capas había fósiles marinos: crinoideos, braquiópodos (lo supe por el folleto de geología que el guarda distribuyó por la tarde) y fósiles terrestres, como impresiones de hojas y alas de libélulas, o huellas de escorpiones, milpiés y reptiles. Por cierto, aquí nunca se han encontrado fósiles de dinosaurios. Las rocas del cañón son más viejas que los dinosaurios más antiguos conocidos. Las capas más bajas del cañón, el Esquisto de Vishnu y el Granito de Zoroastro, tienen 1.700 millones de años, una época impensable para nosotros los humanos.

La inmensidad del abismo no puede verse desde arriba. Hay que adentrarse en él. Aquí volví a ser consciente cada día de lo diminutos e insignificantes que somos los seres humanos frente a los miles de millones de años de historia de la Tierra. Sin embargo, también nosotros formamos parte de ella incluso después de que nuestros huesos se hayan convertido en polvo.

El último día, pasé por delante del camping hasta el embarcadero de las grandes lanchas neumáticas de rafting que se utilizaban para los infernales paseos sobre la corriente. También había que reservar estas excursiones con tiempo. Un amigo mío muy valiente es una de las pocas personas que han descendido el Colorado en kayak. Tuvo que reservar con diez años de antelación. Yo no me atrevo. Me gusta remar por lagos tranquilos, pero esa experiencia se la dejo a los más atrevidos.

Sentada a la orilla del río, entablé conversación con Ronda. Esta mujercita de rizos rubios oscuros hasta los hombros acababa de llegar y quería acampar aquí dos noches.

Ronda era una mujer fuera de lo común. La ex jefa de una agencia de marketing de Manhattan había dejado su trabajo y ahora vivía en una caravana en un camping del desierto de Arizona. Las dos mujeres que habíamos dimitido teníamos mucho en común y compartíamos nuestras experiencias.

—Muchos admiran lo que he hecho y quieren hacer lo mismo —, dijo Ronda. —Pero muy pocos lo hacen —. Se rio de mí. — Tú también lo hiciste. Dejaste los estudios como abogada.

—Lo hice, pero no tan al extremo como tú —, respondí.

Ronda no era feliz en su trabajo y empezó a buscar la soledad. Entonces hizo un viaje en balsa por el Colorado y se quedó completamente cautivada por la claridad y la paz que encontró en el silencio. Tras dos viajes más en balsa, se deshizo de su piso en Nueva York y se mudó a Arizona. Allí se ganaba la vida con trabajos esporádicos y vivía de forma permanente en un camping en un lugar apartado. Después de haber escalado hasta el campamento base del Everest un año antes, a esta aventurera le pareció lógico adentrarse ahora 1,6 kilómetros en la tierra.

—Establecemos una conexión interior con el paisaje en el que vivimos y nos hacemos uno con él —, estaba convencida Ronda.

—Cuanto más nos unimos a él, más felices nos hacemos.

Me había picado el gusanillo del cañón. Me hubiera gustado quedarme más tiempo, pero no tenía más noches reservadas. Además, estaba deseando volver a mi casa y ver a mi perro, al que ya echaba mucho de menos.

El último día me compré la obligatoria camiseta del Rancho Fantasma, que sólo se consigue aquí abajo y que me identificaba así como una auténtica «senderista del Cañón» para los iniciados. Luego envié a casa varias postales con el sello

«*Transported by mule from the bottom of the Grand Canyon*» (transportado en mula desde el fondo del Gran Cañón) como prueba de mi hazaña.

Durante la cena hablé con Charly, un profesor retirado de sesenta y seis años de Scottsdale, sobre mi miedo a la subida de mañana. Había hecho esta ruta varias veces y asintió con la cabeza. «Hay que aprender a respetar el cañón. Su apariencia serena puede engañarnos. Los excursionistas que no respetan el cañón aprenden rápidamente que puede ser implacable. Por eso sólo debes hacer la excursión si estás en forma».

Había descendido por el desafiante sendero South Kaibab con la mochila llena y pesada. Mis piernas ya tenían carga muscular.

—¿Sigues cansada? —, preguntó Charly. Supongo que mi sonrisa distorsionada hablaba por sí sola. —Mañana tu mochila pesará menos, pero esta vez tendrás que subir y apenas te dará el aire. Caminarás entre diez y doce horas y tienes que hacer la subida a tu ritmo. No te agobies por que te adelante la gente. El cañón no es un circuito de carreras.

Cuando fui a desayunar a las cinco de la mañana siguiente, un enjambre de meteoritos con numerosas estrellas fugaces en el cielo negro azabache me consoló por haberme despedido del desfiladero. Aunque doné mi libro de bolsillo a la biblioteca del rancho, mi mochila no pesaba menos. Pedí un almuerzo para llevar y llené las botellas de agua. Esta vez sólo tuve que llevar dos litros. En el sendero Bright Angel (a diferencia del sendero South Kai bah, por el que había bajado) hay un pozo de agua a mitad de camino.

Como mi linterna dejó de funcionar a los pocos minutos, tuve que apañármelas con la luz de la luna y mirar muy bien por dónde pisaba. Gracias a las mulas porque pude seguir el rastro de las sobras que se les habían caído por la noche. Al cruzar el puente colgante y oír el sonido del río debajo de mí, tuve miedo. Este era el hogar de los pumas, que prefieren atacar a sus presas en la oscuridad y por la espalda. Así que de nuevo una pequeña oración pidiendo ayuda para subir y un regreso seguro a casa.

Todos mis sentidos se agudizaron al máximo. Unos pequeños pies golpeaban las piedras que rodaban por el sendero. Las finas gotas del rocío del Colorado me refrescaban. Durante mucho tiempo caminé junto al río, que sólo podía adivinar por el sonido. Una vez me adentré en el desfiladero, se hizo la calma. Me envolvió un silencio absoluto. Cuando me detuve, sólo oía el latido de mi propio corazón. Hubiera disfrutado del silencio durante más tiempo, pero tenía que continuar.

A las siete salió por fin el sol. Arriba, en el borde del cañón, iluminaba las rocas, pero pasaría un rato antes de que sus rayos llegaran hasta aquí.

Al llegar a una curva, mi camino se quedó bloqueado de repente. Un imponente carnero estaba justo delante de mí, cruzando el sendero. No tuve oportunidad de apartarme. ¿Y ahora qué? No podía volver atrás. Pasar no era una opción. A un lado la pared del cañón, al otro el abismo.

Intenté apaciguar los ánimos y hablé con el cordero. «Eres una buena ovejita. Me encantaría venir ...».

El macho me miró, con las orejas en tensión bajo sus poderosos cuernos ondulados, y parecía tan molesto como yo.

Muy bien, entonces me aguantaría, o más bien lo soportaría. Inspiré y espiré lentamente e intenté mantener la calma.

Después de lo que me pareció una eternidad, el carnero se dio la vuelta, dio dos pasos hacia el sendero y luego saltó con elegancia sobre la roca.

Con las rodillas temblorosas, avancé lentamente. Tras muchas curvas cerradas, llegué hacia las nueve a Indian Garden, un oasis donde hay un puesto de guardabosques y un campamento. En un pequeño río, tres ciervos mulos pastaban tan cerca que sólo con estirar el brazo ya alcanzaba a tocarlos. Seguí caminando despacio.

Por fin un descanso. Llené las botellas de agua y me acabé el bocadillo, una manzana y una barrita de muesli.

Un grupo de ancianos me había adelantado en el ascenso y ahora también estaban descansando. Me dijeron que era su primera excursión por el cañón. Los tres hombres y las dos mujeres tenían entre sesenta y setenta años. Puedes reconocer a los «principiantes» por el hecho de que se adelantan en la subida y te lanzan consignas por caminar tan despacio. La historia cambia como muy tarde en el último tercio del camino. Entonces los correcaminos ya no tienen energía y se quedan atrás, jadeando, mientras tú los adelantas con el mismo paso firme, sonriendo por dentro.

El Gran Cañón es peligroso. A pesar de las advertencias de los guardabosques, muchos siguen pensando que saben más. Todos los años se producen muertes por insuficiencia circulatoria, insolación o deshidratación, y también muchos accidentes de turistas imprudentes.

Después de Indian Garden venía la parte más dura. El sendero Bright Angel Trail sube por muchas curvas empinadas, muy accidentadas y pisadas por las numerosas mulas. Los últimos cinco kilómetros fueron los más duros porque el sendero estaba completamente helado. Así que de nuevo tuve que ponerme los clavos en los zapatos. Intenté conseguir un ritmo constante en mis pasos y respiración.

Eso ayudaba. Pero cada vez que levantaba la vista, tenía la sensación de que las paredes seguían siendo tan altas como antes. Los primeros turistas que se deslizaron hacia mí, gritando y riendo, calzados con zapatillas deportivas, me demostraron que, a pesar de todo, estaba avanzando. La tranquilidad había terminado.

Por fin, a las tres en punto de la tarde, estaba de vuelta en la civilización, en otro mundo. Gente, coches, autobuses por todas partes. Lo primero que hice fue tomarme un capuchino grande y una ración enorme de espaguetis. Después me registré en el hotel y disfruté de una larga ducha caliente y de la mullida cama.

¡Conseguido! Primero doce y luego dieciséis kilómetros, mil seiscientos metros de altitud hacia abajo y hacia arriba. No está nada mal para una vieja como yo.

En mi excursión de cumpleaños, caminé hasta el centro de la tierra, al centro del tiempo. Había venido a buscar mi propio centro, a cumplir un sueño, a conseguir lo imposible. Había descubierto un secreto: la percepción de la insignificancia. En mi excursión de cumpleaños, el Gran Cañón me había regalado abundantes experiencias grandiosas sobre la naturaleza. Pero, sobre todo, había puesto en perspectiva mi humilde vida humana y me había hecho darme cuenta de lo insignificante que soy en la gran red de la naturaleza de este planeta y de lo poco importantes que son mis problemas cotidianos. El mundo no necesite saber inmediatamente lo que tengo que decir. No necesito participar en el intercambio global y tuitear, no siempre tengo que tener una respuesta lista o una opinión que compartir. Incluso puede haber horas o días completamente aburridos y sin incidentes. El regalo del Gran Cañón para mí fue que definió lo que significan para mí las personas con las que vivo y que me importan.

Como escritora, el Gran Cañón es para mí el libro más grande y antiguo del mundo. Con más de cuatro kilómetros y medio de páginas de piedra, contiene la historia de dos mil millones de años. Aunque sus páginas están arrugadas, dobladas y usadas, tienen colores brillantes y ya están grabadas. Brillan en gris claro, blanco, rojo oscuro y verde intenso. Páginas de arenisca gruesa, caliza de textura fina, pizarra, conglomerado rugoso, cuarzo y granito robusto. No son lisas ni están perfectamente prensadas, sino que están en forma de capas horizontales, de paredes verticales, de grandes pliegues. Distorsionadas, retorcidas, rotas. Faltan algunos capítulos. Pero los demás están escritos con tanta claridad que su significado se revela sin romper la continuidad. El Gran Cañón es el libro que siempre he querido leer.

Cuando pienso en la caminata de hoy, me gusta compararla con la vida. Vas conduciendo por la carretera, relajado y contento, hasta que de repente se abre ante ti un desfiladero y no puedes avanzar más. Para llegar al otro lado, tienes que meterte en las profundidades y atravesarlo. Después, ya se vuelve a subir (y eso es muchísimo más difícil). Pero aprendes a ser constante. Cuando lo has conseguido, estás eufórico. Pero no te preocupes, no se queda así. Todo es cíclico, es lo que se conoce como «vida».

Encuentros en territorio navajo

Mis amigos creen que soy un aventurero. Yo no me veo así en absoluto, pero entiendo que a sus ojos no es normal dejar tu trabajo para besar lobos o hacer senderismo en territorio de osos pardos. Tengo una curiosidad constante, quiero saber qué hay «ahí fuera» por descubrir. Algunas cosas quiero compartirlas con otras personas. Por eso organicé viajes por la naturaleza durante muchos años y también trabajé como guía turística.

En otoño de 1998 emprendí mi propio viaje de aventura personal, en el que quería ampliar mis horizontes, vivir libremente y superar mis propios límites.

Normalmente, cuando viajo soy perfeccionista, bien planificada y sumamente organizada. Años de trabajo como guía me han enseñado a estar preparada para todo y a mantener el control. Incluso cuando se trata de observar lobos sigo un horario, que adapto a sus actividades. Planifico mis viajes meticulosamente, incluyendo un plan B y C. Saber de antemano adónde voy y cuándo voy a pasar la noche me tranquiliza, y me deja tiempo y energía para concentrarme en las cosas importantes. Pero esta vez quería salir de la prisión del tiempo.

Había decidido dejarme guiar únicamente por mi intuición. Mi vendedor de congelados me había dado la idea. Georg no sólo lleva pantalones cortos todo el año (la única concesión a las temperaturas bajo cero son los calcetines de punto hasta las rodillas), sino que también se va de vacaciones de una forma poco habitual: junto con su perro va a la estación, se sube al primer tren que pasa y viaja hasta la última estación de la línea. Después, los dos se marchan «a algún sitio bonito». Suelen dormir al aire libre.

—A veces llamo al timbre de una granja y pregunto si puedo dormir en el granero. Nadie me lo ha negado nunca —, nos cuenta Georg. —Incluso ocurre que la mujer del granjero me despierta por la mañana con un café o me invita a desayunar.

Me alucinaba. Era algo completamente nuevo para mí. Salir así, sin un destino concreto: ¿podría hacerlo? Quería atreverme.

Reservé un vuelo (con fecha de regreso abierta) a Phoenix, en Arizona, y conduje hacia el oeste en un coche de alquiler. Llevaba conmigo mi equipo de acampada minimalista por si acaso: tienda de campaña, saco de dormir, cocina de gas. Dormiría en una tienda, en el coche o en un hotel, pero estaba preparada para todo. Dónde y cuándo pasaría la noche dependía de mí. El suroeste de Estados Unidos me era familiar, estuve viviendo durante mucho tiempo en Arizona y Nuevo México.

Como guía turística de una empresa alemana de viajes de investigación, durante los meses de verano había llevado en coche a turistas, en su mayoría ancianos, a través de Estados Unidos, desde Nueva York hasta Los Ángeles, incluyendo visitas a todos los parques nacionales y lugares de interés por el camino. Fue un viaje agotador, no sólo para mí, sino también para mis huéspedes. Yo acababa de terminar un viaje así. Un parque nacional diferente cada día durante tres semanas, un hotel nuevo, largas distancias en autobús. Mis compañeros de viaje a menudo ya no sabían dónde estaban.

—¡Mi habitación no se abre!

—¿Qué número de habitación tienes?

—Veintiuno.

—¿Y qué dice la llave?

—Cuarenta y tres. Vaya. Igual la veintiuno la tenía ayer.

Las muchas horas de conducción diarias de la costa este hasta la costa oeste también pasaron factura. Tuve que despertar a muchos viajeros cuando había algo interesante que ver.

—¡Atención! ¡Un alce delante!

Parar, salir, hacer una foto, subir, seguir conduciendo. ¿Por qué alguien se hace esto? Para algunos era «la última oportunidad de ver todo lo posible». Otros querían hacerse una idea general de las bellezas de América y, si algo les gustaba, volver en unas vacaciones más largas.

Después de semejante viaje, además del agotamiento, me invadió la tristeza, un sentimiento de pérdida. ¡Lugares tan bonitos y tan poco tiempo!

Esta vez iba a ser diferente. Por primera vez en muchos años, mi lista de cosas por hacer estaba vacía. Era una mujer sin planes. No estaba obligada a estar en ningún sitio en ningún momento. Podía dormir cuando estaba cansada y comer cuando tenía hambre. No tenía responsabilidades, no tenía que llevar a nadie. Era libre. ¡Qué lujo!

Por carreteras secundarias, quería explorar la tierra de las rocas rojas y los pueblos indígenas, para lo que nunca antes había tenido tiempo suficiente. Salir de la zona de confort, ampliar el horizonte.

Mi primera parada fue Window Rock, sede del gobierno de la Nación Navajo, la segunda tribu indígena más grande de EE UU. La ciudad toma su nombre de la ventana de roca roja, que tiene un gran significado religioso para los indígenas y cerca de la cual se encuentran todos los edificios gubernamentales. Por desgracia, me había perdido la Feria de la Nación Navajo, el Pow Wow más grande de Estados Unidos, que se celebra el primer fin de semana de septiembre.

Dormí en el coche cerca del Navajo Nation Memorial Cemetery, un cementerio donde los caídos de las dos guerras mundiales encontraron el lugar de descanso definitivo. El viento que soplaba constantemente había rasgado las banderas nacionales en estrechas cintas. En muchas lápidas pude leer la inscripción «*Code Talker*». Los locutores de claves navajos eran un cuerpo de élite de marines estadounidenses que durante la II Guerra Mundial transmitían información militar por radio en dine, la lengua navaja. Era el único idioma que los japoneses no podían descifrar. Los *Code Talkers* salvaron así muchas vidas estadounidenses.

Window Rock es la puerta de entrada a otro mundo: un mundo de rocas rojas, cañones profundos, montañas escarpadas, bosques de enebros y un vasto paisaje sin igual. Mientras hacía la compra en el supermercado, la cajera me pasó un folleto que despertó mi interés. Anunciaba Will Tsotsie's Coyote Pass Hospitality Bed & Breakfast y prometía «una noche en un auténtico hogan navajo». ¡Si eso no era una pista para el resto del viaje! Llamé y reservé una habitación.

—Ven a la gasolinera de Tsaile a las cuatro de la tarde y te recogeré —, dijo Will.

Lo primero que noté al llegar puntual a la gasolinera en el corazón de la reserva fueron los contrastes. Junto a los modernos edificios del Navajo Community College -por cierto, el primer colegio universitario de Estados Unidos propiedad de una tribu indígena- se alzaban las viviendas tradicionales de los navajos: hogans hexagonales u octogonales. Un tablero junto al teléfono público de la gasolinera servía de tablón de anuncios. Un folleto anunciaba «bailes squaw», una nota manuscrita ofrecía una lavadora usada en venta y alguien buscaba neumáticos de invierno en buen estado para su todoterreno.

Cuando Effie, la hermana de Will, apareció para recogerme, hacía un rato que había perdido la noción del tiempo. La seguí hasta un grupo de caravanas y hogans a través de un camino embarrado. Visitantes de toda América vienen hasta aquí a dormir en el suelo de un hogan de este tipo (sin agua corriente ni electricidad) y a aprender sobre la cultura y la vida de los navajos.

Effie me invitó a entrar en la caravana familiar. Un enorme televisor, junto al cual había un telar tradicional, destacaba en el interior, por lo demás pobre y caótico. Mientras Effie servía té indio en el que flotaban agujas de pino, conocí a su abuela y a su tía abuela. Las ancianas vestían ropas típicas navajo: una amplia falda de colores y una blusa lisa de terciopelo morado, con varios collares de piedras turquesas. Llevaban el pelo gris recogido en un nudo. No se veían hombres. Los navajos viven en un matriarcado. Las mujeres son las dueñas de las cosas materiales, lo heredan todo y los hijos nacen en el clan de la madre. El clan materno de Will era el del Paso del Coyote, que también había dado nombre a su negocio.

Por fin apareció mi anfitrión y se presentó. Will Tsotsie era profesor y, como supe más tarde, curandero en potencia. Me llevó a su casa, un moderno bungalow amueblado con una mezcla de objetos indígenas tradicionales y recuerdos de sus muchos viajes al extranjero. Encima de la puerta colgaba un arco y una flecha para protegerse de los intrusos, en la pared una preciosa alfombra tejida. En el armario junto al ordenador había dos espadas samurái, recuerdos de un viaje a Japón. Mientras tomábamos una taza de té y piñones tostados, conocí a los participantes de un «taller de cuentacuentos». Querían aprender a contar historias indígenas.

Will desapareció en la habitación contigua y regresó con un maletín viejo y desgastado del que sacó joyas de plata y turquesa preciosas.

—No le damos importancia al dinero y en la reserva no hay bancos —explicó. —Invertimos nuestra riqueza en joyas y alfombras—.

Poco después, fui con Will y dos de sus hermanos en un todoterreno en plena noche durante hora y media por una ruta a través de la naturaleza salvaje que habría hecho honor al Rally Dakar. En una meseta sobre el Cañón de Chelly, llegamos a Yei-te-chi, el lugar de la ceremonia de curación. Al menos veinte camionetas, algunas con remolques para caballos, y vehículos todoterreno se situaron en círculo alrededor de un espacio libre enmarcado por hogueras de leña encendidas. Un poco más lejos, caballos ensillados y desensillados esperaban con la cabeza caída en señal de relajación. Desde el gran hogan octogonal ceremonial situado en la cabecera de la plaza sonaban cánticos y tambores.

Will me dijo que los festejos durarían hasta la madrugada. Bailarines con máscaras y disfrazados iban a intentar curar el dolor de oídos de un anciano miembro de la tribu en ciclos de cuatro por cuatro danzas cada uno (el cuatro es el número sagrado de los navajos). En uno de los descansos, un navajo alto se me acercó, me tendió la mano y se presentó como Julius, nieto del enfermo. Su familia me había invitado a la ceremonia de curación.

Calculé que tendría unos treinta años. Tenía rasgos finos, pómulos marcados y ojos oscuros. Llevaba el pelo negro azabache recogido en un nudo a la altura de la nuca y una camisa burdeos con vaqueros azul oscuro, y un collar de turquesas y varios anillos plateados y turquesa en los dedos. Llevaba sobre los hombros una alfombra tejida de colores. Todo el aspecto del hombre irradiaba una gran solemnidad y una increíble energía que cautivó a todos los que estaban cerca.

«Gracias por venir a ayudar a mi abuel». Debí de parecer confusa porque añadió: «Todos los que participan en la ceremonia ayudan al enfermo a recuperarse». Julius me invitó al hogan a tomar café y pan navajo. Como normalmente a los blancos no se les permitía entrar en un hogan ceremonial, era importante que conociera algunas normas.

«Cuando entres en el hogan, ve al lado derecho, ese es el lado de las mujeres», me explicó Julius. Entré con reverencia. Una estufa de leña brillaba tanto que enseguida empecé a sudar. Los familiares, los amigos del enfermo y los invitados se sentaron contra las paredes: a la derecha, las mujeres, y a la izquierda, los hombres. Yo me senté a la derecha, en el suelo de arena cubierto de alfombras tejidas, con la espalda apoyada contra la pared.

Frente a la entrada estaban sentados el curandero jefe, los parientes más cercanos del enfermo y tres cantantes navajos profesionales. El calor, los cánticos monótonos de voces agudas e intensas, el sonido de los tambores, los cascabeles agitados rítmicamente, las repeticiones constantes: todo cumplía una función. Al cabo de un rato, caí en una especie de estado hipnótico y vi imágenes: una ballena blanca varada y muerta con un humano de pie junto a ella, mirándola con compasión. A día de hoy, no tengo la menor idea de lo que significaba aquello.

Durante los descansos, charlaba con los demás miembros de la tribu. Todos eran muy abiertos y amables. Bob, un artista, me dijo que los mayores problemas de la reserva seguían siendo el alcohol y las drogas. Una cuarta parte de los cerca de doscientos mil miembros de la tribu son bebedores habituales, y muchos de ellos también drogadictos. «Los jóvenes emigran a la ciudad. Pero algunos también vuelven, como yo». Bob vivió durante veinte años en la ciudad y se volvió alcohólico. Después regresó a su tierra.

—Ahora vivo sin electricidad ni luz en un hogan en Canyon de Chelly. Soy pobre, pero soy feliz cuando pinto mis cuadros o monto a caballo —. Con cariño, acarició el cuello del caballo pinto que estaba a su lado. —Ahora estoy sobrio. No es fácil, pero intento recuperar mi identidad navajo.

Cuando apareció el primer rayo brillante en el horizonte, el enfermo abandonó el hogan y se sentó en una silla al margen del lugar de reunión. Delante de él comenzó el último baile, en el que también participó Will. Bailó en el cuarto lugar de seis bailarines y así, como me explicó más tarde, ascendió un puesto en la «jerarquía de los curanderos». Al final, el enfermo y su familia hablaron a los bailarines y a todos los participantes, y los bendijeron lanzando harina de maíz en las cuatro direcciones.

La ceremonia terminó con la salida del sol. El viaje de vuelta a casa de Will volvió a ser duro. Di las gracias a mi anfitrión por llevarme y pagué mi noche en el hogan, aunque no me alojé allí. Sólo quería llegar a un lugar tranquilo lo antes posible para procesar las experiencias. Necesitaba estar sola y me dirigí al Cañón de Chelly. Aunque llevaba más de veinticuatro horas despierta, me sentía llena de energía, que empleé en una caminata de tres horas por el cañón. Después, monté la tienda al anochecer y caí en un sueño profundo y sin sobresaltos.

A la mañana siguiente me despertaron unas patas y un arañazo en la entrada de la tienda. Con cuidado, abrí la cremallera y miré a los ojos asustados de un perro, que dio un salto hacia atrás cuando me acerqué a él. No quería que le tocara, pero no le importó compartir conmigo mi bocadillo de queso. Al hacerlo, violé mi propia norma de no dar de comer a animales salvajes o extraños, pero estaba en este viaje para romper reglas y traspasar límites. En una aventura, eso está permitido; hasta aquí mi excusa. Los perros sueltos de las reservas no suelen ser salvajes. Viven relativamente libres, pero tienen un dueño al que volver después de sus escapadas. Esto es lo que me dijo un navajo en una gasolinera, donde me tomé un café y unas galletas, y me propuse dar algo al siguiente amigo de cuatro patas que me lo pidiera.

—Muchos turistas piensan que nuestros perros son perros callejeros porque están libres. Andan sueltos por ahí. Algunos incluso quieren llevárselos y «rescatarlos», pero los perros tienen una familia, un hogar y compañeros de juegos. No encerramos a nuestros animales, sino que respetamos su libertad.

Una bonita forma de pensar. Por desgracia, esta libertad cuesta la vida a muchos animales cuando son atropellados en las carreteras.

Durante los días siguientes conduje a bastante por carreteras de tierra a través de la reserva Hopi, una tierra rica en historia con pueblos antiguos y montañas sagradas. Nueve de los doce poblados hopi se asientan en las tres mesas. Walpi, probablemente el pueblo más conocido, se asienta en el estrecho pico de la Primera Mesa, doscientos metros por encima de un valle seco. La vista desde allí es impresionante; en un día despejado se pueden ver las cumbres nevadas de los Picos de San Francisco, cerca de Flagstaff. Unas treinta personas viven en este lugar habitado desde hace trescientos años. Hay tres pueblos en Segunda Mesa, de los cuales Shongopavi es el mayor, con setecientos habitantes.

Oraibi está situado en la Tercera Mesa. El pueblo ha estado habitado siempre desde el año 1100, lo que lo convierte en el pueblo habitado más antiguo de Estados Unidos. Allí viven los hopi más tradicionales, lejos de los blancos. Esta tribu nunca fue conquistada por los españoles ni los anglosajones. Respeté los carteles de «Prohibido hacer fotos» de la entrada del pueblo y guardé la cámara en el maletero.

Moenkopi es el poblado hopi más occidental. Su nombre significa «lugar de agua corriente». Aquí es donde los agricultores de la Tercera Mesa cultivan sus alimentos. Antes de que se instalaran tuberías de agua, tenían que recorrer a pie los cien kilómetros que separan Oraibi de Moenkopi. El pueblo, con sus campos verdes y sus árboles frutales, ya está en territorio navajo.

Buscando otras zonas menos conocidas de la región de los navajos, descubrí, a unos cincuenta kilómetros al noreste de la ciudad de Tuba, el Monumento Nacional de los Navajos, que suele pasar desapercibido para los turistas que se dirigen a Kayenta y Monument Valley. Es una opinión injusta, porque dentro del mnumento haymvarias ruinas anasazi de gran tamaño. Me tentó la idea de hacer una excursión a las remotas ruinas de Keet Seel, pero no conseguí un permiso para recorrer los dieciséis kilómetros de ida y vuelta porque ya había llegado al límite de lo que podría recorrer. Para proteger su naturaleza, los navajos tienen estrictas normas de visita. Todas las excursiones en su territorio deben solicitarse con antelación.

En cambio, bajo la orientación de un guardabosques, visité las bien conservadas viviendas del acantilado de las ruinas de Betatakin. Están literalmente atrapadas en una grieta estrecha bajo una poderosa roca de arenisca suavemente redondeada que parece un enorme balón medicinal, a punto de rodar sobre la antigua civilización.

A sólo treinta kilómetros al norte, la US 163 se bifurca hacia el Monument Valley, en Kayenta. Aunque la mayoría de los turistas conocen Monument Valley por las tantas películas del oeste o, al menos, por los anuncios de cigarrillos, Mystery Valley sigue siendo lo que su nombre expresa: un misterio. Los indígenas tienen un único término para los dos valles: Tse'-Bii'Ndzisgaii, que significa Valle de la Mesa. Mystery

Valley no es fácil de encontrar y sólo se puede entrar en él en compañía de un guía indígena. Mientras que unas cuatro mil personas visitan Monument Valley cada día en temporada alta, en Mystery Valley sólo entran entre cuatro y siete personas. El gobierno navajo limita el número de visitantes porque es un lugar sagrado para la tribu.

En el centro de visitantes conocí a Fred, un navajo de pelo largo azabache y sombrero de vaquero negro. Él me guiaría por el misterioso valle.

Antes me llevó en su furgoneta destartalada a los lugares de rodaje de las películas del Oeste. Me contó con orgullo que su padre había trabajado para Hollywood y que fabricaba las sillas de montar para John Wayne y su equipo. Él mismo aún poseía dos caballos de acrobacias, cada uno valorado en setenta mil dólares. Podían «dar volteretas» con una orden sin lesionarse ni hacer daño al jinete.

—Pongo una tela roja en el suelo, el caballo corre y cae en ese punto exacto —, dijo Fred, mostrando cómo había que sujetar una cámara para que la escena fuera creíble. Afortunadamente, no demostró la acrobacia en sí. No soy partidaria de este tipo de doma de espectáculo porque me parece cuestionable.

Seguimos hasta Mystery Valley por caminos secos y arenosos. Se diferencia de su famoso valle vecino principalmente en que sus formaciones rocosas no son tan ásperas y escarpadas que alcanzan el cielo, sino que se extienden por el solitario paisaje con formas suaves y redondeadas. El viento y el agua, escultores de la naturaleza, han carcomido las suaves capas de roca, dejando arcos y cuevas donde los anasazi construyeron sus viviendas hace muchos cientos de años. En Mystery Valley vivían sólo unas treinta personas en el momento de mayor esplendor de la cultura anasazi, frente a los cinco mil habitantes de la cercana Mesa Verde.

Fred continuó conmigo por caminos de tierra y a través de arena gruesa. En un cañón lateral, tras una curva cerrada, aparecieron las ruinas de Baby House. Fred me aconsejó que trepara por la roca lisa y mirara dentro de las ruinas, que aún estaban en buen estado. El techo estaba ennegrecido por el hollín de antiguos incendios. Había restos de manos y pies de bebé arañados o golpeados en la arenisca; de ahí el nombre de la casa.

Otra galería de arte rupestre, la Casa de las Muchas Manos, una ruina anasazi con tres habitaciones al abrigo de una pared cóncava de arenisca fue impresionante. Los montones de piedras que yacían alrededor sugerían que aquí habían existido otras casas. En la oscura pared rocosa había unas dos mil huellas de manos (llegó a haber siete mil, según Fred) de color blanco o amarillo, ninguna de ellas mayor que la huella de la mano de un niño. Otros petroglifos (imágenes talladas en la roca) mostraban figuras humanas con cinturas estrechas y hombros anchos. Fred señaló los ojos almendrados, los brazos largos, una especie de antenas que salían de las cabezas y las manos con sólo tres dedos. También se veía algo parecido a una nave espacial, que parecía emitir una cola de fuego hacia abajo.

—No sabemos de dónde vinieron, si de la Tierra o del espacio... —, dijo Fred con un guiño, dejando sin resolver otro misterio del Valle de los Misterios.

Otras ruinas también suscitaron dudas por su tamaño. Los espacios habitables anasazi no eran amplios, pero aquí la gente había construido refugios tan pequeños y bajos que un adulto no podía mantenerse erguido en ellos. En otros asentamientos anasazi, estas habitaciones se habían utilizado para almacenar alimentos. Aquí, sin embargo, las paredes negras muestran que los habitantes habían hecho fuego y aparentemente vivían en las habitaciones. Por qué este poblado no construyó viviendas más grandes es otro misterio sin resolver.

Fred, que siempre se mantenía a una distancia respetuosa de las ruinas porque creía, como la mayoría de los navajos, que molestar a los «ancestros» evocaba espíritus malignos, de repente puso cara de estar escuchando algo, prestando atención. «¿Los oyes?», preguntó. «Están aquí, los anasazi, puedo oírlos y verlos. Son figuras blancas. ¿Puedes verlas moviendo la hierba y oírlas cantar al viento?».

Se me puso la piel de gallina.

Vienen aquí porque quieren decirnos algo —continuó Fred—. Algo importante. Todos los que vienen aquí salen de este lugar cambiados. Los espíritus nos enseñan cómo vivir en armonía con la naturaleza.

Él mismo venía aquí a menudo con su gente. «Nos quedamos unos días o una semana, acampamos y vivimos como nuestros antepasados. Intentamos escuchar lo que tienen que contarnos».

Fred creía que todo el mundo debía darse la oportunidad de vivir como sus antepasados durante un año: sin electricidad ni agua corriente, cazando o recolectando sus propios alimentos. Eso lo cambiaría todo.

En Mystery Valley, lejos del ajetreo de la civilización moderna, no me costó imaginar que los anasazi estaban entre nosotros. Sentí una sensación de paz al formar parte de este paisaje y de estas gentes que habían vivido aquí hace muchos cientos de años. Era la constatación de que el espacio y el tiempo son realmente insignificantes.

La historia de los anasazi y su misteriosa desaparición me obsesionó. Visité más de sus ruinas, me senté entre las casas en ruinas e intenté comprender cómo había sido su vida y por qué se habían marchado. Quizá este pueblo aislado no siempre había vivido «en armonía con la naturaleza», como lo veía Fred, y quizá ésa había sido su perdición.

¿Qué ha ocurrido? ¿Por qué desaparece una civilización avanzada? Y sobre todo, ¿puede ocurrirnos también a nosotros en nuestra época?

Hoy, más de veinte años después de mi visita al Suroeste, el misterio parece haberse resuelto científicamente en su mayor parte. No fue un único acontecimiento, sino una combinación de varios factores lo que provocó la desaparición de los anasazi. La culpa la tuvo una concatenación de diferentes circunstancias: una explosión demográfica, disturbios políticos y, además, cambios climáticos. ¿Te suena?

Si observamos la vida de los anasazi en el pasado, quizá podamos vislumbrar nuestro propio futuro. El hábitat indígena era un paisaje de extremos, con altas llanuras, profundos cañones y cuencas desérticas poco profundas. La tierra era árida y sólo unos pocos ríos llevaban agua durante todo el año. Caía nieve en invierno y en verano los cambios de temperatura eran extremos, con noches bajo cero y días por encima de los cuarenta grados.

El sistema de supervivencia anasazi era muy complejo y funcionaba a la perfección. La agricultura floreció gracias a sofisticados sistemas de riego y a una excelente red de transportes. La población aumentó rápidamente a partir del año 800 d.C. Para la leña y las vigas del tejado de sus grandes casas, a menudo de seis plantas y con seiscientas habitaciones, necesitaban cada vez más madera, que había que traer de lugares cada vez más lejanos. La deforestación fue aumentando y la leña y la madera empezaron a escasear.

Cuando el país sufrió una sequía extrema hacia el año 1130, la población ya no pudo soportarlo. La capa freática bajó tanto que las raíces de las plantas ya no podían alcanzarla. La agricultura se estancó, lo que hizo que ya no fuera posible alimentar a todos los habitantes. La brecha entre ricos y pobres aumentó y surgieron tensiones sociales. Las aldeas se trasladaron a lugares en los que pudieran defenderse mejor; algunas se asentaron sobre acantilados rocosos, y otras tenían fosos y torres. Las tribus apache y navajo, recién llegadas, competían por los recursos. La violencia y las guerras aumentaron. Los arqueólogos encontraron esqueletos con puntas de flecha y evidencias de hambruna y canibalismo.

Los anasazi se habían consagrado a una sociedad compleja. Una vez que se derrumbó debido a la combinación de los daños medioambientales y el cambio climático, no pudieron reconstruirla.

¿Puede ocurrirnos lo mismo a nosotros? Hoy en día hay casi ocho mil millones de personas en la Tierra. Los bosques se talan a gran escala y los recursos de la tierra se explotan sin miramientos. Sabemos lo que nos va a hacer el cambio climático. Los conflictos sociales ya nos acompañan en nuestra vida cotidiana. La cuestión sigue siendo si aprenderemos de los errores de los Anasazi o si acabaremos igual que ellos.

En mi viaje al país de los navajos, pude echar un vistazo al pasado de los indígenas. Conocí las consecuencias ecológicas y culturales que las acciones de un pueblo pueden tener en el futuro. En el proceso, vi paralelismos aterradores con nuestra propia vida actual.

Esta aventura fue un regalo. Me había propuesto viajar «de otra manera», sin planificar y siguiendo sólo mi intuición. Quería ampliar mis horizontes, salir de mi zona de confort, ser consciente y dejarme llevar por lo que viniera. Quizá ese sea el verdadero significado de la aventura. No tenemos que conquistar continentes ni cruzar océanos. Todo lo que tenemos que hacer es cambiar nuestra perspectiva, conocer países extranjeros y personas desde otros lados y, con suerte, entenderlos. Esto lo puede hacer cualquiera en cualquier parte. Tomar nuevos caminos, estar en la naturaleza, una excursión por el sendero menos transitado, o un tren a «algún lugar», como decía Georg, mi vendedor de congelados.

En walden pond

A principios de 1990 me trasladé durante casi un año a los páramos de Minnesota porque me enamoré de un ganadero de canoas que vivía en una cabaña de madera sin electricidad ni agua corriente en medio de una zona de lobos y osos.

Hoy, la vida que llevaba entonces se llamaría «sostenible». Para mí era una vida muy modesta y un trabajo agotador. No tenía ni idea de dónde me estaba metiendo. La realidad contradecía lo que imaginaba sobre cómo sería una vida romántica en una cabaña en plena naturaleza. Además de cortar leña y construir canoas, aprendí a depender de mí misma y con qué poco se puede vivir en el día a día.

Me gusta vivir de la forma más sencilla y modesta posible. Me gusta que mi entorno sea claro y sencillo. Una casa abarrotada de «cosas» me agobia. Siempre he sido y soy más feliz en los alojamientos más modestos, como en una tienda de campaña, una autocaravana o una cabaña de madera.

En 1986 cuando fui a Vancouver (Canadá) con mi perro Klops durante cuatro meses para estudiar en la Universidad de la Columbia Británica, busqué un piso sin resultado. Con un perro, no tenía ninguna posibilidad, sobre todo porque se estaba celebrando la Exposición Universal del 86 y todos los alojamientos de la ciudad estaban reservados (ya lo conté al principio de este libro). Sin más dilación, alquilé una pequeña caravana en la que vivimos los dos, Klops y yo. Había una mesa convertible en cama, una cocina de gas, un fregadero y un retrete químico que podía sacar del armario a modo de cajón. Nada más, y sin embargo yo fui más feliz que nunca con esta vida tan sencilla.

Durante la semana aparcaba en el campus, los fines de semana me iba a la montaña o al mar. Me duchaba en la piscina de la universidad y lavaba la ropa en lavanderías que funcionaban con monedas. Pocas veces me he sentido tan libre.

Más tarde, durante mi investigación sobre el lobo en Montana, alquilé una cabaña de madera. Cuando viajaba por Estados Unidos como periodista de viajes, vivía en casas móviles o dormía en el coche. La vida sencilla, en la que puedo concentrarme en lo esencial, me hace feliz.

Los impulsores de que yo tuviera este sentimiento desde hace tanto tiempo fueron los libros de Henry David Thoreau y Ralph Waldo Emerson, quienes fueron los máximos exponentes de un movimiento llamado «trascendentalismo», que sostiene la opinión de que el hombre sólo puede experimentar lo esencial cuando se expone con todo su ser a la experiencia de la naturaleza. Una visión con la que estoy totalmente de acuerdo.

Henry David Thoreau me fascina especialmente. El escritor y naturalista tenía veintiocho años cuando en 1845 decidió construir una pequeña cabaña en un lago para escapar por un tiempo del tumulto de la civilización. El lago se llama Walden, y así tituló el libro que más tarde escribió sobre él: Walden, o la vida en los bosques, una de las obras más importantes y famosas de la literatura estadounidense y hoy nen día es la «Biblia» de muchos minimalistas. Thoreau buscaba la paz y la soledad y quería «seguir la pista de la vida real». Escribió desde lo profundo de su corazón lo siguiente:

«Fui a los bosques porque quería vivir deliberadamente sólo para hacer frente a los hechos esenciales de la vida, y ver si no podía aprender lo que tenía que enseñar, y no descubrir al morir que no había vivido. No quería vivir lo que no era vida. Ni quería practicar la renuncia, a menos que fuese necesario. Quería vivir profundamente y libar toda la médula de la vida, vivir tan fuerte y espartano como para prescindir de todo lo que no era vida...»

La percepción común es que Thoreau desapareció en el bosque y vivió aislado en su cabaña. Sin embargo, en realidad nunca dio completamente la espalda a la civilización. Más bien era una especie de ermitaño después del trabajo. No vivía tanto en su cabaña como allí. A menudo, caminaba tres kilómetros hasta Concord y volvía para cenar en casa de su madre o llevarle la ropa sucia. Su intención tampoco era aislarse. Lo que le interesaba era agudizar la mente, volver a lo básico. Desde el principio había planeado volver a la civilización, cosa que hizo al cabo de dos años, dos meses y dos días. Era un desertor intelectual, pero un desertor temporal que además estaba muy relacionado con otros novelistas y pensadores famosos: con Ralph Waldo Emerson, que en su libro Nature defendía que la gente debía vivir de forma sencilla y en armonía con la naturaleza. Con Nathaniel Hawthorne, el novelista más importante de Estados Unidos (La letra escarlata). Y con la familia Alcott, cuya hija superdotada, Louisa May, escribió uno de los grandes clásicos estadounidenses de la ficción juvenil con su novela Betty y sus hermanas. Juntos formaron una especie de núcleo intelectual de Estados Unidos en Concord y se reunían con frecuencia para intercambiar ideas. Durante las cenas o los paseos, discutían sobre sus ideas y sobre la naturaleza.

Mi deseo siempre fue ver Walden Pond con mis propios ojos. Cuando terminé mis estudios en Vancouver, crucé Estados Unidos en autocaravana hasta la costa este, en Massachusetts, para visitar Concord y Walden Pond, que se había convertido en una especie de «lugar de peregrinación» para el movimiento ecologista. Cuando llegué, aún tenía en la cabeza la descripción que Thoreau hizo del lugar. La realidad fue un shock. Walden Pond, que suena tan apacible en el libro, forma parte de la Reserva Estatal de Walden Pond, de 122 hectáreas. El lago y la réplica de la cabaña de Thoreau están al otro lado de los límites de la ciudad, en la transitada carretera US 126, con gasolineras, restaurantes de comida rápida y hoteles.

Aparqué el coche en el aparcamiento y seguí las señales hasta la réplica de la cabaña de Thoreau, que la habrían hecho aquí para ahorrar a los visitantes la media hora de caminata hasta el lugar original.

La cabaña tiene unos quince metros cuadrados y está cubierta con tejas de madera gris. La puerta de entrada está en un extremo, una chimenea en el otro y dos ventanas correderas pintadas de blanco a cada lado. La puerta estaba abierta, como siempre lo había estado en tiempos de Thoreau, para dejar entrar a la naturaleza (pájaros, mariposas, abejas). Aún era temprano y estaba sola. Entré en la habitación con cautela e intenté reconciliar mis expectativas con la realidad: una cama estrecha, un escritorio y tres sillas (una para la soledad, dos para la amistad y tres para la compañía) que encajaban con la imagen que yo tenía. En el escritorio había un libro de visitas. Los comentarios iban desde «mágico», «¡gran casa!», «OMG» (oh, Dios mío), «chiflado» y «me encanta EE.UU.» hasta «no creo que pudiera vivir aquí» o «echo de menos la soledad», pasando por un apasionado «¡libertad o muerte!». Me preguntaba qué diría el escritor a todo esto.

Cuando llegó el primer autobús con turistas, se llenó demasiado para mi gusto. Seguí las marcas de piedra gris hasta un sendero forestal que se desviaba un poco de la orilla del lago. Tras media hora de camino, llegué al emplazamiento original de la cabaña de Thoreau, que él había elegido de forma minuciosa. No la quería al borde del agua, donde habría sido demasiado visible y podría haberse mojado demasiado. Estaba situada en una pequeña colina desde la que podía contemplar el estanque a través de los árboles. Era la primera vivienda que poseía, a excepción de una tienda de campaña.

En el lugar original sentí por primera vez el espíritu de Walden en mayo. Nueve bloques de granito unidos por una cadena de hierro señalizaban los cimientos y la puerta de la cabaña. Uno de los bloques de granito tenía grabada la inscripción «Site of Thoreau's Cabin», descubierta el 11 de noviembre de 1945 por Roland Wells Robbins. Una piedra plana en el interior indicaba la ubicación exacta de la chimenea. En una placa de madera situada en el lugar de la cabaña se leía el pasaje del libro «Me mudé al bosque».

Todo esto tiene, tanto hoy en día como entonces, un aire de veneración de santidad, lo que probablemente se deba también al hecho de que Thoreau alcanzó para muchos estadounidenses el estatus de santo laico.

Apoyé la espalda contra un árbol, me senté en el suelo del bosque y miré hacia el lago. Por el relato de Thoreau, me lo había imaginado todo más grande, extenso y escarpado, un páramo de verdad, no este pedazo de agua redondo que se ve desde cualquier punto de su orilla.

El lago tiene una profundidad de unos 33 metros y tenía una claridad fascinante cuando lo visité. Según el ángulo y la hora del día, el agua puede parecer azul, verde o completamente transparente. Thoreau cuenta que algunos describen Walden Pond como un lago sin fondo.

En este cálido día de octubre ya estaba lleno de gente por la mañana, lo que probablemente se debía también al hecho de que este es uno de los pocos lagos de agua dulce del área metropolitana de Boston y, por tanto, atrae a muchos habitantes de la ciudad. Las primeras familias empezaron a colocar sillas plegables y mesas en la arena. Los niños corrían de un lado a otro, un corredor recorría la orilla. Muchas cosas no eran como me las había imaginado al leer los libros de Thoreau.

Básicamente, este lugar no significaría nada si no fuera por la vista del lago que de repente me capturó en ese momento. ¿Por qué? Cuando te detienes a mirarlo, Walden Pond no es más que una masa de agua normal, como miles de otras que se pueden encontrar por todas partes. ¿Qué es lo que lo hace tan mágico? ¿Es el alma del escritor que aún vive aquí? ¿Sus palabras que nos atrapan?

En cuanto miré al lago, el mundo cambió. Su magnitud, desproporcionada en relación con su tamaño real, hizo que el estanque creciera y palpitara en mi mente. De vez en cuando, unas volutas de niebla se elevaban de su superficie. Los colores rojo y amarillo de los árboles, vestidos de otoño, se reflejaban en el agua cristalina y me animaban a filosofar sobre la naturaleza.

Thoreau pasaba mucho tiempo en su estanque. A veces remaba en barca y tocaba la flauta. O se iba a pescar a medianoche y pasaba de la vigilia al sueño, hasta que se despertaba al sentir un tirón en el sedal.

Me quité los zapatos y caminé descalza por la playa. Thoreau se bañaba a diario; era un ejercicio religioso para él. Me pregunto si alguna de las piedras que tocaron sus pies seguiría aquí 175 después. Fue una idea tonta. Como un adolescente delirando sobre su estrella. En cierto modo, el escritor era, y es también, un ídolo y un modelo a seguir para mí.

Thoreau prestaba mucha atención a la naturaleza, al paso de las estaciones y a las criaturas con las que compartía los bosques. Relató los hábitos de toda una serie de animales, desde marmotas hasta perdices. Algunos de ellos tenían para él un significado espiritual o psicológico. Por ejemplo, el somormujo que jugaba con él al escondite se convirtió en un símbolo de la alegría de la naturaleza. Una guerra de hormigas con la que tropezó le hizo meditar sobre la guerra humana. El interés de Thoreau por los animales no era el de un investigador. No los observaba y describía de forma neutral y científica, sino que les otorgaba un significado moral y filosófico, como si cada uno de ellos tuviera una lección especial que enseñar.

Antes de salir de Concord, conduje hasta el cementerio de Sleepy Hollow, un extenso terreno de césped ondulado y bosques donde están enterrados casi todos los habitantes del pueblo. Aquí Thoreau está enterrado en la cima del autor, entre las tumbas familiares de los grandes de la literatura: los Alcott, los Emerson y los Hawthorn. Una pequeña lápida gris con la palabra «Henry» atestigua la modestia y frugalidad con las que el autor llevó su vida.

Walden Pond era un lugar maravilloso, aunque distinto a cómo me lo había imaginado, para conmemorar a un escritor de la naturaleza cuyas reflexiones sobre nuestro modo de vida parecen más ciertas año tras año.

Más tarde volví a coger el libro: Walden o la vida en los bosques. Fue entonces cuando me fijé en las numerosas tablas en las que el autor había anotado meticulosamente sus ingresos y gastos para construir la cabaña y ganarse la vida. Comparaba los gastos con el salario por hora que ganaba con su trabajo y calculaba cuánto tiempo tenía que invertir para mantener su sencillo modo de vida. Observó a sus vecinos, los granjeros de los alrededores, en sus actividades y resumió sus conclusiones en una de las frases más famosas del actual movimiento minimalista: «La mayoría de los hombres viven una vida de tranquila desesperación».

Calcular los gastos (compras y consumos) para toda la vida es una gran idea. ¿Realmente necesito algo o puedo vivir bien sin ello? ¿Qué estoy ganando o perdiendo exactamente? En ese sentido, Walden es como una guía para simplificar tu vida.

Otro de los escritos de Thoreau se ha convertido en un manifiesto político: Sobre el deber de desobedecer al Estado. El ensayo fue escrito cuando el autor fue encarcelado durante un día por negarse a pagar las deudas tributarias. No quería que sus impuestos sirvieran para apoyar la política esclavista del gobierno y la expansión de la guerra de México.

Thoreau era intransigente y más tarde se unió al Ferrocarril Subterráneo, un movimiento de resistencia radical. Se trataba de una red de personas que organizaban rutas de escape para los esclavos fugitivos desde los estados del sur hacia el norte (es decir, hacia los estados del norte, pero también hacia Canadá).

El derecho a la desobediencia no sólo fue reivindicado por Mahatma Gandhi y Martin Luther King, sino que también inspiró el movimiento por los derechos civiles en Estados Unidos y proporcionó argumentos imbatibles a las protestas estudiantiles de los años sesenta y setenta en todo el mundo; además, podría ser hoy la guía de los jóvenes activistas de Viernes por el Futuro.

Las obras de Thoreau son hoy (175 años después) más relevantes que nunca. Propugnaba la austeridad, la sencillez y la soledad, y no dejaba de insistir en el minimalismo de su estilo de vida y en la satisfacción que se obtenía.

Antes de mudarme al entorno natural, vivía en la abundancia. Si algo me gustaba, lo compraba. Viajaba a menudo por todo el mundo y gastaba mucho dinero comprando cosas que realmente no necesitaba. Normalmente volaba a Estados Unidos con una segunda maleta vacía para mis compras. Los vaqueros, las zapatillas de deporte y las vitaminas eran mucho más baratos que aquí. Mi reserva de pastillas para el dolor de cabeza y vitamina C hubieran sido más que suficientes para abastecer a mi familia y amigos durante una pandemia de varias semanas. Estados Unidos era un gran supermercado. Como entonces no existía Amazon y muchos libros en inglés eran difíciles de conseguir en Alemania, compraba libros al por mayor y los enviaba a casa como un paquete gigante por flete marítimo. Incluso quería tener piedras (!). Los cristales de roca de Nuevo México y los guijarros de río de Alaska adornaban mi piso y asombraban a más de un funcionario público cuando recibía el paquete en la aduana de Wetzlar. Era literalmente «asquerosamente rica». Pero ¿también era feliz?

Thoreau sostenía que deberíamos medir nuestra riqueza no por lo que poseemos, sino por el tiempo libre del que disponemos. El tiempo que nos queda una vez satisfechas nuestras necesidades básicas es la mejor medida de la riqueza. Para Thoreau, significaba eso: el hombre es rico en proporción a la cantidad de las cosas de las que puede prescindir.

¿Qué necesitamos para vivir bien? ¿De verdad necesitamos tanto?

En el movimiento minimalista existe el Reto de las 100 cosas. ¿Puedes limitar todas tus posesiones personales a cien objetos?

Haz la prueba. Vacía un armario y cuenta las cosas que hay en él. Llegarás a un punto en el que incluso consideres que las diez mil cosas que supuestamente posee cada alemán por término medio son una ilusión. Hemos perdido la confianza en que la vida también puede ser buena con los medios más sencillos. No se trata de poseer el menor número de cosas posible, sino las cosas adecuadas. Se trata de prescindir de cosas que no necesitamos y que sólo conservamos porque están ahí.

A veces, en casa, extiendo una manta en el suelo y coloco sobre ella todos los objetos que necesitaría en la naturaleza: la tienda, el saco de dormir, la comida, el agua, la ropa y las herramientas. Todo cabe en la manta. En cambio, un almacén se quedaría pequeño para meter todas las cosas que tengo en mi casa.

La mayor parte me sobra. Tengo demasiados electrodomésticos en los armarios de la cocina, demasiada ropa en el armario, demasiados archivos, demasiados compromisos que tiran de mí en todas direcciones.

Cada vez que vuelvo de la naturaleza, tengo más ganas de lo normal de reducir mi vida a lo esencial. Me propongo vivir de forma mucho más sencilla y austera en el futuro, no comprar nada que no necesite realmente. Todo objeto que no enriquezca mi vida es un desperdicio de espacio y dinero, así que regalaré todo lo que no necesite y rechazaré todos los encargos que no sean necesarios.

Y, efectivamente, durante un tiempo consigo hacer un hueco para la calma y la sencillez. Dejo la televisión apagada con sus noticias a todo volumen y sus anuncios provocadores y salgo a pasear con mi perro. Decido ir más despacio y disfrutar de cada momento en lugar de correr cada vez más hacia el futuro.

Que es posible vivir de forma austera y sostenible es algo que he practicado al extremo en Minnesota.

La cabaña de madera donde vivía con mi granjero se calentaba con leña, traíamos agua potable del lago y la nieve derretida nos proporcionaba agua para lavarnos y aclararnos. Generábamos y almacenábamos electricidad con células solares y baterías de coche. Para las escasas visitas al supermercado, a 30 km, en verano iba en bicicleta o en canoa por los muchos lagos interconectados, y en invierno esquiaba campo a través. Pescábamos en el lago y mi pareja cazaba un ciervo en otoño, que nos daba de comer todo el año. La carne se almacenaba en un congelador viejo, que llenábamos de bloques de hielo, que sacábamos del lago en invierno, los cubríamos con serrín y los almacenábamos en una cabaña de madera aparte. Así se mantenían frescos los alimentos menos duraderos.

En la bodega subterránea, almacenábamos patatas y zanahorias en barriles de madera llenos de arena hasta la siguiente cosecha. Las frutas y verduras en conserva las colocábamos en estanterías. La temperatura era constante tanto en verano como en invierno.

Seguí haciendo crecer la masa madre que me habían regalado unos vecinos y horneé un pan delicioso con ella en el horno de leña. En verano, condimentaba el menú con hierbas silvestres frescas que crecían en la puerta.

Y en todo esto, casi no generamos residuos. Todo se (re)utilizaba. La familia de martas se alegró de los restos del ciervo muerto que dejamos en la cabaña. Incluso desenterrábamos nuestras propias heces en otoño y las esparcíamos por el huerto como abono.

No me faltó de nada durante ese tiempo. Mis antojos de gominolas y regaliz desaparecieron rápidamente, sobre todo porque trabajaba muy duro. Estaba más en forma que nunca y dormía como un lirón. Por supuesto, a menudo me dolían todas las partes del cuerpo por el trabajo al que no estaba acostumbrada, pero eso también me hacía sentir viva. Esta vida sencilla me puso en forma.

Henry David Thoreau se bañaba en el lago Walden todos los días. Yo también quería intentarlo en Minnesota. Nadar en un lago forma parte de la experiencia salvaje de todos los escapistas. En cuanto hubo una esquina libre de hielo, me preparé.

Si vas a nadar en invierno, tienes dos enemigos: el viento y el cabrón. Puedes evitar el viento.

Es fácil poder con el cabrón que llevas dentro. Con pequeños pasos llegué a conocer mis límites. Actualmente está de moda el baño de hielo como receta de salud. Hoy, los profesionales llevan zapatos y guantes de neopreno. Así el cuerpo no pierde tanto calor. Nada de eso existía antiguamente. Pero el agua sólo estaba a cero grados porque estaba protegida por la gruesa capa de hielo.

La primera vez que me metí en un lago en invierno fue una sensación completamente nueva para mí. Una mezcla de pánico, esfuerzo y curiosidad. ¿Qué me pasaría? ¿Sobreviviré? Valiente y decidida, primero me mojé las piernas y los brazos con agua helada y medio salté al agua. Una gélida mano me sacó el aire de los pulmones. Cada fibra de mi cuerpo se congeló. Fue una pérdida total de control. Intenté concentrarme en la respiración: inspirar profundamente y espirar durante más tiempo. De algún modo, eso calmó mi acelerado corazón. En el agua, giré en círculos, mirando el paisaje y el cielo. Entonces, con todas mis fuerzas, empezó el dolor y el miedo. Subí rápidamente a la orilla. Tenía la piel roja como el fuego y temblaba. Me calcé rápidamente para que mis pies desnudos y mojados no se congelaran en el hielo. Me sequé y me vestí. Entonces empecé a correr, siempre en círculos, dando saltos. El movimiento tenía que salvarme de la muerte por hipotermia. Tardé un rato, pero luego me invadió una sensación calor muy agradable y la tan descrita euforia de haber sobrevivido. Ahora podía arrancar árboles. Fue una experiencia estimulante, pero también muy aterradora.

Agua, fuego, sol, arco iris: los regalos más hermosos de la naturaleza son totalmente gratuitos. ¿Por qué creemos que sólo muchas «cosas» pueden hacernos felices? El coche más grande, el smartphone más nuevo, más viajes.

La moderación y la austeridad en nuestra vida material también tienen efectos positivos sobre el medio ambiente.

Hace poco calculé mi «huella ecológica» (en gha, hectáreas globales). El sitio fussabdruck.de formula trece preguntas sobre alimentación, vivienda, consumo y movilidad. El resultado fue asombroso: yo tenía una huella ecológica de 4,4 gha, un poco por debajo de la media alemana (4,9) y muy por encima de la mundial (2,8). Una huella sostenible tenía un valor de 1,7. Mi casa estaba entre las peores; vale, ahora me plantearé un traslado a un piso pequeño o a una Tiny House. La movilidad también sigue siendo demasiado alta, aunque me desplazo en tren a todas las lecturas y sobre todo en vacaciones.

En cuanto a las emisiones de CO_2, con 10,88 toneladas estoy tampoco supero la media alemana de 11,6 toneladas por poco. Traducido a la población mundial, necesitaría 2,6 Tierras con la vida que llevo ahora. Cuando pienso en las primeras décadas de mi vida (especialmente en mis viajes profesionales), probablemente utilicé veinte o más Tierras en los numerosos vuelos transatlánticos. Razón suficiente para hacerlo mejor ahora.

Volar es un tema delicado para mí, porque he pasado gran parte de mi vida en un avión. Cuando embarcaba, sentía que estaba en casa. Me descalzaba y me ponía los calcetines gruesos, metía el libro y la botella de agua en el bolsillo trasero del asiento delantero, quitaba la funda de plástico de la almohada y la manta y guardaba el equipaje de mano debajo del asiento delantero. Hacía todo esto automáticamente antes de dejarme caer en el asiento con un suspiro de satisfacción. Ah... llegó. Disfrutaba de cada momento: cuando, al despegar, el avión atravesaba las nubes en dirección al cielo azul y la tierra desplegaba toda su belleza bajo mis pies.

Cuando volamos sobre los Alpes nevados o sobre los glaciares de Groenlandia o en medio de auroras boreales. Aún hoy, el recuerdo de esos momentos hace que se me caigan lágrimas de agradecimiento.

En la década de 1970, el cambio climático no era un problema. Hoy en día, el número de pasajeros aéreos sigue aumentando (hasta en un 7 % en 2017) hasta alcanzar los 4.100 millones. Alrededor del 3 % de la población mundial se permite el lujo de volar al menos una vez al año. Y volar es lo peor que un individuo puede hacerle al clima.

¿Deberíamos dejar de hacerlo?

Muchos dicen que les gustaría, pero entonces los trenes deben ser más puntuales. Preferimos destruir las condiciones de vida de las generaciones futuras que soportar retrasos e incomodidades.

¿Hasta qué punto soy constante? Confieso que aún no he conseguido dejar de volar del todo, aunque ahora viajo más en tren, sobre todo dentro de Alemania. Estar apretujado en un avión abarrotado no es divertido. Hace poco tuve que ir a Londres y Tallin para unas lecturas y presentaciones de libros. Volé porque el viaje en tren habría sido mucho más largo y caro. Es incoherente, lo sé, pero no soy perfecta. No tengo las agallas de la gran Greta Thunberg, que hace lo que predica. No podría cruzar el Atlántico en un velero. Aparte de eso, tampoco soy muy echada al mar.

Si quiero proteger el clima, tengo que aprender a distinguir entre necesidades y deseos, y practicar el «no». No se trata de una renuncia total, sino de viajar con sensatez. He eliminado de mi vida los grandes viajes en avión a otros continentes. Como consecuencia, ya no vuelo a Montana para investigar sobre los lobos. Intento vivir de acuerdo con mis ideales y reflexionar con cada viaje que planeo si el motivo es una necesidad o mi placer privado. Si me tomo en serio la protección de nuestro medio ambiente, también debo tomarme en serio mi papel en ella.

Pero no sólo nuestras actividades físicas, como viajar, vivir o comer, dañan el medio ambiente. Para vivir de forma más sostenible y austera, también debemos prestar más atención a nuestras actividades digitales.

Internet es nuestro segundo hogar, desde donde nos comunicamos, consumimos contenido y trabajamos cada día. Mientras que en el mundo real comprobamos la compatibilidad climática y medioambiental de casi todas las cosas, el mundo digital permanece prácticamente al margen, a pesar de que nuestro uso del ordenador sí tiene un impacto.

«No soy un delincuente medioambiental. No consumo recursos. No compro libros ni DVD, me pongo las películas y la música en *streaming*», decía orgulloso un joven en una discusión reciente. Obviamente no estaba teniendo en cuenta que las enormes cantidades de datos a las que accede en Netflix, Amazon Prime, Twitter, Instagram, Facebook, YouTube y similares consumen mucha electricidad. Los vídeos digitales vienen en archivos muy grandes, y se hacen aún más grandes con cada nueva generación de mayor resolución.

En conjunto, la tecnología digital es responsable de casi el 4 % de las emisiones mundiales de CO_2. Internet genera casi tanto CO_2 como el transporte aéreo mundial. Por tanto, al utilizar nuestros ordenadores, tabletas, portátiles y teléfonos inteligentes, todos contribuimos de forma significativa al cambio climático.

Para sus proyectos CO2GLE y Deforest, la artista de la red, Joana Moll, calculó la huella de CO_2 de Google.

Para compensar un segundo de consultas de búsqueda en todo el mundo, se necesitaron veintitrés árboles. Porque detrás del buscador hay innumerables granjas de servidores devoradoras de energía. En la página janavirgin.com/CO2/ hice un seguimiento de mi consumo directo de CO_2 en kilos en Google. Me quedé tan impactada que cerré inmediatamente la página y sustituí Google como motor de búsqueda por Ecosia, que compensa las emisiones de CO_2 plantando árboles por cada búsqueda de consulta.

Si de verdad quiero hacer algo por el cambio climático, no tiene mucho sentido publicar en Instagram mi comida vegana, mi paseo en bici o mis compras de la tienda sin empaquetar, para después ponerme a ver las últimas películas de Netflix.

Me pregunto cómo se comunicarían Thoreau y sus amigos hoy en día. ¿Crearía hoy un grupo de WhatsApp? ¿Cuántos seguidores tendrían sus ideas y pensamientos sobre la naturaleza y la sostenibilidad en su cuenta de Instagram o Facebook?

Creo que los seres humanos estamos tan preocupados por nosotros mismos que ya no miramos más allá de la pantalla de nuestros smartphones. Sí vemos lo que causan nuestras acciones, perfectamente. Nos quejamos y gritamos «¡qué horror!» pero no cambiamos nada. Volamos en aerolíneas baratas en vacaciones o nos vamos de crucero por décima vez. Compramos el último todoterreno para llevar a nuestros hijos al colegio a la vuelta de la esquina. Hacemos todo esto, aunque sabemos que no deberíamos. No nos importa. Lo principal es que nos vaya bien. Nos ahogamos en nuestro egoísmo y sufrimos una enorme falta de humanidad. Y nuestros astutos hijos se saltan las clases para hacernos conscientes de que lo estamos haciendo fatal.

¿Puedo yo, como individuo, cambiar algo si millones de personas siguen haciendo lo mismo? Todo cambio empieza con un primer paso. Introducir más sostenibilidad en nuestra propia vida es una opción que cada uno de nosotros tiene que valorar. Sólo tenemos que reflexionar sobre los verdaderos valores de la vida y lo que es importante para nosotros.

La austeridad es un proceso continuo. Una vez empieces a practicarla, te darás cuenta de lo liberador que es desprenderse de las cosas. Se han escrito numerosos libros superventas sobre la limpieza y la sencillez. No hay una regla general, cada uno tiene que descubrir por sí mismo de qué puede prescindir y cuánto necesita. ¿Cómo puedo vivir más mi vida cotidiana de una manera más modesta en Alemania y al mismo tiempo hacer algo bueno por el medio ambiente?

Mi receta personal para la moderación es sencilla: mis prioridades se corresponden con mis valores y deseos. Me rodeo de cosas que me gustan y rechazo cualquier cosa superflua y sin sentido. Para cada cosa que compro o poseo, valoro si hace mi vida más rica, más feliz.

Ya no compro ropa barata, sino hecha en Alemania y de buena calidad para que las cosas duren mucho tiempo. También compro en tiendas de segunda mano o intercambio ropa con amigos.

Llevo cada uno de mis seis pares de zapatos el mayor tiempo posible. Cuando las suelas están gastadas, las llevo al zapatero, que todavía existe, o uso mis zapatos viejos para pasear al perro y, últimamente, como zapatos de jardinería. Si tengo que deshacerme de mis queridos compañeros, lo hago con una pizca de melancolía y gratitud. Para las lecturas y la mayoría de los actos, siempre llevo la misma ropa, con la que me siento cómoda. Así ahorro tiempo y dinero en compras. La mayoría de los libros los compro de segunda mano. Compro libros nuevos en mi pequeña librería favorita. Por cada libro nuevo que compro, vendo o regalo uno viejo. Sólo conservo unos pocos de mis libros favoritos.

La mayoría de los muebles de mi casa proceden de la tienda de muebles sueca. Puede que no sea sostenible, pero mis estanterías Billy tienen más de veinte años. Los pocos muebles nuevos que me he permitido comprar son de alta calidad y espero que duren el resto de mi vida. Mi última compra fue una mesa de comedor hecha con palés de madera pesada sin tratar que un carpintero fabricó según mis indicaciones. No podría ser más sostenible.

Sólo puedo transportar la jaula del perro de Shira en mi Hyundai Atos de doce años porque le he quitado el asiento trasero. Voy a las lecturas en tren y a las tiendas en bicicleta.

Y sí, por supuesto que también me doy caprichos. Eso forma parte de todo ello. Al vivir la vida de manera más austera, ahorro mucho dinero, que me gusta gastar en un buen restaurante con comida elaborada con productos locales sostenibles. O me tomo un tiempo en pequeños hoteles y pensiones, aislados y en plena naturaleza, donde puedo ir de excursión con mi perro.

Para mí, el senderismo es la forma más bella y sostenible de pasar las vacaciones. No cuesta nada ni malgasta recursos. Si caminas por la naturaleza de forma abierta y consciente, pensarás automáticamente en la sostenibilidad y en tu propio estilo de vida. Aquí se encendió un fuego de barbacoa, allí se dejaron unas gasas. Siempre llevo conmigo una bolsa de basura y recojo lo que encuentro por el camino, si puedo cargar con ello. Por desgracia, cada vez se vierten más electrodomésticos y residuos electrónicos en el bosque. Cualquier persona que pasa una temporada en la naturaleza, vuelve sin ser la misma.

Thoreau me enseñó a convertir el coste de cualquier compra en tiempo de vida. Así que cuando se trata de las cosas de las que puedo prescindir, me siento muy rica.

Pero no se trata sólo de mí, sino de este maravilloso planeta que estamos destruyendo con nuestra codicia, que va en aumento. Nos engañamos al pensar que siempre habrá suficiente agua, tierra o madera y que el petróleo siempre será barato. Equiparamos bienestar con crecimiento. Aumentamos nuestra población y expandimos nuestro dominio sobre cada centímetro de la tierra. Si queremos sobrevivir, debemos aprender a contenernos y dejar espacio para que otros seres vivos respiren. Debemos elegir una vida más sencilla y sostenible.

En la naturaleza, los animales nunca destruyen su propio hábitat. ¿Y nosotros? La agricultura extensiva envenena nuestra base alimentaria, desecamos humedales y hormigonamos bosques para construir carreteras y viviendas. Por cada voz que grita «¡Simplificar! ¡Simplificar! ¡Reducir!», decenas de otras gritan: «¡Expandir! ¡Potenciar! ¡Ampliar!».

¿Qué podemos hacer? Podríamos reducir drásticamente nuestro consumo de alimentos, gasolina, nuestro uso de madera y metal, el tamaño de nuestras casas y coches, y la cantidad de ropa que llevamos, y nos daríamos cuenta de que no nos falta de nada, y podríamos utilizar lo que sobra para otras cosas y compartir lo que tenemos.

Menos agobiados por las posesiones, menos enloquecidos por las actividades, podríamos jugar más con nuestros hijos, cuidar de nuestros mayores, plantar flores, leer libros, hacer música, observar a los pájaros en el jardín. Podríamos cuidar mejor de nuestra tierra.

La pregunta de Thoreau sobre lo que realmente importa en la vida y su apasionado alegato a favor de la responsabilidad, la autodeterminación y la vida cerca de la naturaleza y conservando los recursos me ha llevado a replantearme y cambiar la manera en la que vivo mi propia vida.

En la naturaleza aprendí que una vida sencilla y humilde puede hacernos felices. No hace falta devanarse los sesos. Basta con aceptar las cosas como vienen y dejarse llevar completamente por la vida diaria. No encuentro la felicidad en las cosas materiales, sino que viene de nuestro interior.

La austeridad es un regalo que no sólo es bueno para nosotros, sino también para nuestro entorno.

El inmenso silencio

Esta mañana de febrero hacía frío en Montana. El débil resplandor del sol al amanecer envolvía las laderas de los picos de Barronette, al norte del valle de Lamar, mientras el termómetro ascendía lentamente desde las insólitas temperaturas de 30 grados bajo cero.

Después de dos excursiones para ver a los lobos con todas las plazas cubiertas, me tomé algo de tiempo libre y me dispuse a ir de excursión al recinto de aclimatación de la manada de Rose Creek. Es el único recinto que sigue en pie desde la reintroducción de los lobos en 1995, principalmente como monumento de acero tras el regreso de los grandes depredadores.

En el aparcamiento del Buffalo Ranch, en pleno valle de Lamar, en Yellowstone, me calcé las raquetas de nieve, porque a partir de aquí ya no había senderos sólidos. El sendero se adentraba en las montañas. Aunque algunos excursionistas ya habían caminado por aquí antes que yo, tuve que tener cuidado de no perderme, porque toda la nieve fresca casi había borrado sus huellas. Con un picnic y un termo de té en la mochila, me puse en marcha. Al principio, di pequeños rodeos alrededor de los bisontes que se habían acomodado en medio del sendero. Parecían tranquilos estos enormes monstruos oscuros. Pero sé que pueden enfadarse mucho si se les irrita o molesta, y no quería correr ese riesgo.

El sendero, que justo acababa de volverse ancho, empezó a hacerse cada vez más estrecho y serpenteaba hacia arriba por amplios prados de montaña, ocultos ahora bajo una gruesa capa de nieve. De vez en cuando pasaba junto a un árbol con largos surcos en la corteza, marcas de arañazos de osos. Sin embargo, ahora, en febrero, no había peligro de ser sorprendido por el oso Yogui, ya que los *grizzly* seguían cómodamente en hibernación.

El sendero de raquetas de nieve que lleva al recinto de Rose Creek es más largo que el sendero de verano que atraviesa el bosque, que habría sido demasiado empinado y difícil ahora en invierno. De vez en cuando me detenía en una colina y disfrutaba de la amplia vista del valle del Lamar, donde la nieve brillaba bajo el sol del amanecer cada vez un poco más alto. Nueve mil kilómetros cuadrados de soledad se extendían delante y detrás de mí; un paisaje de fuego y hielo donde viven todas las grandes especies animales de este continente.

No se oía nada salvo mi respiración agitada y el crujido de la nieve bajo mis raquetas. El sol se iba imponiendo poco a poco. Hacía un rato que había guardado mi chaqueta gruesa de plumas en la mochila y la había sustituido por una chaqueta de forro polar más fina. Los rayos del sol me quemaban la piel. Es demasiado fácil olvidar que estamos a 2.500 metros de altitud. Subir con raquetas de nieve era ahora más agotador. Después de tres horas de caminar sudando, vi a lo lejos la valla metálica plateada que brillaba detrás de los árboles. Otra pequeña colina más que subir y ya estaba allí. Había huellas en la nieve, pero no sabía si eran de coyotes o de sus parientes más grandes. Los coyotes de Yellowstone son muy fuertes y los turistas suelen confundirlos con lobos. El sol había derretido parcialmente las huellas de los cánidos que tenía delante, lo que hacía difícil identificar de qué animal eran. En la zona por la que ahora caminaba estaba la guarida preferida de la camada de lobos de Druid Peak. Así que podría ser que la manada estuviera por aquí cerca.

Por fin había llegado al recinto circular. Con la respiración agitada por la subida, me acerqué a la valla. El sol había derretido parte de la nieve. Me quité las raquetas, abrí la verja y la cerré tras de mí. Los refugios de madera que se habían construido entonces para los lobos se derrumbaban poco a poco. En los lugares donde la nieve se había derretido, aún quedaban algunos huesos de ciervo despellejados.

Me senté en un lugar seco. Con la espalda apoyada en un viejo pino, tenía una vista amplia de las montañas circundantes. ¿Cómo crees que se sintieron los primeros lobos cuando los trajeron de la libertad canadiense en 1995? Arrancados de sus familias, anestesiados, medidos y pesados por manos humanas, encerrados en cajas metálicas estrechas y oscuras y transportados a este recinto. La puerta se abría, pero no había escapatoria. Intentaron escapar, lejos del horrible olor de los «dos patas», pero la valla los detenía y no cedía, incluso se hacían sangre en los morros al morderla. En algún momento se resignaron e hicieron lo que siempre han hecho los animales para sobrevivir: adaptarse. Comían lo que les traían, crearon una nueva familia y contemplaron el magnífico paisaje que se extendía ante ellos. Me pregunto si los lobos sueñan con la libertad. Me pregunto qué sintieron cuando se abrieron las puertas y entraron en su nuevo hogar.

El árbol bajo el que estaba sentada fue testigo de ese acontecimiento. Cómo le envidiaba por poder presenciar el emocionante momento del reasentamiento. Delante de mí se levantaba «polvo de diamante», diminutos cristales de hielo que centelleaban a mi alrededor, creados por el aire frío.

Una de las principales razones por las que me gusta tanto Yellowstone, especialmente en invierno es, aparte de los lobos, el silencio. Es un silencio de fuerza, poder, resistencia y espera. Este silencio era tan envolvente que empecé a oír cosas. Abajo, en el valle, los coyotes cantaban su canción, los árboles suspiraban y crujían cuando el viento los tocaba. Contuve la respiración y oí los latidos de mi propio corazón. Todos estos sonidos amplificaban el silencio que me rodeaba. Me concentré en oír algo más, pero no había nada.

El batir de las alas de un gran cuervo y su ronco graznido me devolvieron a la realidad. El pájaro se había posado en la valla, ladeó la cabeza y sus ojos negros me miraron con curiosidad mientras desenvolvía mi sándwich y me servía una taza de té. Los cuervos de Yellowstone son conocidos por su astucia y famosos por aprender a desabrochar el velcro de las mochilas para conseguir comida. Conmigo no tuvo esa oportunidad.

—¡De ninguna manera! —le grité—. ¡Búscate tu propia comida! —. El cuervo bajó de la valla de un salto y se pavoneó delante de mí unas cuantas veces antes de salir volando con un graznido sonoro.

Estaba temblando. Las nubes densas habían escondido el sol. El tiempo cambia rápidamente en las montañas. Cuando cayeron los primeros copos de nieve, empecé a descender. Sólo podía distinguir el contorno del Rancho Buffalo. Bajé de la montaña justo a tiempo, antes de que se cerrara la cortina blanca.

Me dirigí lentamente en coche a Silver Gate, a mi cabaña de madera. En el camping de Pebble Creek, ahora cerrado por el invierno, una hembra de alce se paró en la profunda nieve y estiró su largo cuello hacia una rama de abeto. Estaba arrancando los brotes que no habían alcanzado los ciervos.

La zona entre Pebble Creek y Cooke City es territorio de los alces. A diferencia de los ciervos, que emigran a los valles en invierno, los alces se retiran a las zonas altas. Allí, al abrigo de los bosques de coníferas, hay menos nieve y aún queda comida suficiente. Por aquí hay que prestar atención, sobre todo en la oscuridad, porque ¿quién querría chocar contra un alce de varias toneladas?

En Silver Gate, sólo se veía alguna luz en las pequeñas cabañas de madera. En realidad, no se trata de un lugar como tal, sino más bien de un conjunto de cabañas y un motel en ruinas. En cambio, Cooke City es casi una gran ciudad. Hay una calle principal, dos gasolineras (una de ellas con acceso público a Internet), cuatro moteles y una tienda de barrio que sólo abre en verano. En invierno, los lugareños hacen la compra en la gasolinera. En Miners Saloon, los propietarios de las cabañas, que tienen que arreglárselas en plena naturaleza sin televisión, se reúnen de vez en cuando para ver juntos un partido de fútbol. A mitad de camino entre Silver Gate y Cooke City hay una pequeña iglesia con una cabaña de madera a la que acuden los habitantes de ambos pueblos.

Cualquiera pensaría que un lugar como Cooke City, considerado uno de los pueblos más aislados de América (fuera de Alaska) y hogar de apenas noventa personas de aspecto más o menos salvaje durante todo el año, sería relativamente tranquilo. Pero nada más lejos de la realidad.

Cuando volví a subirme al coche esa tarde para repostar y comer algo, pude oír desde lejos el rugido de las motos de nieve, cuyos conductores invaden este lugar cada invierno. Este lugar, con su saludable aire de montaña, estaba bajo una espesa niebla azul de los motores en constante funcionamiento de estos modernos juguetes para humanos.

Aparqué el coche en el Soda Butte Lodge, el hotel más antiguo y el único restaurante de la ciudad. Al menos treinta motos de nieve cromadas y relucientes estaban perfectamente alineadas frente a la entrada, algunas con el motor en marcha, mientras los conductores se calentaban junto a la gran chimenea de piedra del vestíbulo. Me senté en una mesa junto a la ventana y pedí una hamburguesa a Michael, el siempre alegre y simpático estudiante que atiende a la gente en pantalones cortos incluso con temperaturas más bajo cero. No se pueden pedir mayores delicias culinarias en el Salvaje Oeste. En lugar de eso, mi hamburguesa era enorme y luchaba por caber en el plato con una gigantesca ración de grasientas patatas fritas.

Más tarde, cuando salía del hotel, vi a Michael dando de comer a un zorro ártico, que se asomaba suplicante por una ventana que iba del suelo al techo. Me dijo que el animal venía todas las noches a por su ración de huevos crudos.

Algunos de los conductores de motos de nieve aceleraron sus máquinas y recorrieron los veinte metros que les separaban de Miners Saloon, se quitaron la nieve de las botas y desaparecieron en el bar, donde sonaba música *country* a todo volumen.

El contraste entre el silencio del parque nacional y el ruido del pequeño pueblo no podía ser mayor. Afortunadamente, las motos de nieve están prohibidas en casi todo Yellowstone. Cooke City está fuera de los límites del parque, pero mi cabaña en Silver Gate era un refugio contra el ruido.

Durante muchos años estuve rodeada de mucho ruido en mi vida. Como azafata de vuelo y guía turística, estaba constantemente rodeada de ruido. Por eso buscaba el silencio en mis viajes y casi siempre lo encontraba en los parques nacionales estadounidenses. He hecho senderismo por el Gran Cañón y Bryce Canyon, he remado por el Boundary Waters Canoe Area en Minnesota, me he maravillado ante las secuoyas de Muir Woods en California y he dormido bajo un increíble cielo estrellado en el solitario Parque Nacional de Big Bend en Texas. Estos parques son atracciones turísticas muy visitadas, pero en cuanto abandonas los senderos, puedes sumergirte en un silencio mágico a pocos metros de la carretera.

El silencio real es diferente. Los investigadores en acústica afirman que empieza por debajo de los cuarenta decibelios y no en los cero decibelios, como se puede llegar a pensar. El silencio agradable consiste en sonidos tranquilos, relajantes y al mismo tiempo constantes: el chapoteo de las olas, el sonido de las copas de los árboles con el viento, un insecto que pasa zumbando. E silencio absoluto no se podría soportar.

En Estados Unidos hay un lugar que se considera el más silencioso del mundo. En una cámara insonorizada de los «Laboratorios Orfield», en Minnesota, se mide un volumen de unos -9 decibelios. Las gruesas paredes de acero, hormigón y estructuras especiales de fibra de vidrio absorben el 99,99 % del ruido. Lo único que oyes son tus propios latidos; tú mismo te conviertes en el sonido. La cámara sirve a los astronautas para prepararse para el silencio sepulcral del espacio, algo a lo que no todo el mundo está dispuesto. Al parecer, nadie ha aguantado allí más de cuarenta y cinco minutos, porque al poco se empieza a tener alucinaciones.

Yo misma he experimentado alucinaciones tras largos periodos de silencio. Tras la muerte de mi perra Lady, busqué la incomunicación para sobrellevar el dolor. No quería distraerme, sino entregarme por completo al sentimiento de pérdida. Quería volverme del revés, llorar, gritar, romperme y volver a recomponerme. Así que me retiré a mi cabaña de madera en Montana, hice largas caminatas por el manantial de la montaña, me sumergí en la soledad de la naturaleza salvaje y me disolví. Todos mis sentidos se despertaron de repente, agudizados por el silencio. Todo se volvió más intenso. Distinguía mejor los sonidos: el susurro del viento y la tormenta, el chapoteo del agua. Incluso los colores, como el azul del cielo, parecían más nítidos.

Pasé de ser una observadora de la naturaleza a formar parte de ella. Estaba en sintonía con el ahora. Los sentimientos negativos también se hicieron más intensos. La desesperación y la tristeza, que me invadían una y otra vez, me hundían aún más. Ahora entendía lo que se quiere decir cuando se habla de «fiebre de la cabaña» cuando no queda nada más que el silencio inmenso. Es fácil dejarse llevar en esos momentos de emoción extrema y sumergirse en la nada.

Para mí, estos momentos de soledad y silencio en la naturaleza fueron un consuelo tremendo. Saber que la naturaleza siempre estará ahí y que a cada muerte le sigue una nueva vida, situó mi dolor en un marco más amplio y me curó.

El sonido más amenazado de la Tierra no procede de una especie en peligro de extinción ni de un medio de transporte antiguo: es el silencio. Cualquiera que lo haya experimentado durante algún tiempo en la naturaleza encontrará difícil convivir con el ruido de la civilización. El término «contaminación acústica» se utiliza ahora casi tan a menudo como el de contaminación ambiental. El ruido puede enfermar. En Alemania, millones de personas viven en zonas demasiado ruidosas. Para concienciar sobre el problema, la Sociedad Alemana de Acústica instauró en 1998 el Día Internacional de Concienciación sobre el Ruido, el Día contra el Ruido, como se llama el evento alemán. La mayoría de la gente sufre demasiado ruido por las carreteras, seguido de vecinos ruidosos y ruido industrial o comercial. Yo vivo en una carretera comarcal muy transitada y muchos de mis vecinos son jardineros muy ocupados o tienen una estufa de leña. Esto significa que los sábados de verano suelen encender la hidrolimpiadora para rociar hasta la última mancha verde de las juntas de las aceras, encienden el cortacésped y utilizan la sierra circular para preparar las reservas de leña para el invierno. Gracias a Dios, hay domingos en los que el mundo descansa un poco.

El silencio es una profunda necesidad humana. Hoy ya casi no podemos experimentarlo, y aunque Yellowstone es uno de los lugares más silenciosos del mundo, aquí también se cuela algún ruido.

—Hola, hola, Klaus ¿eres tú? ¡Holaaaaaaa!

La voz que atraviesa el silencio del valle de Lamar es alta y demandante.

—¡Sí, soy yo, Helmut! ¿Sabes dónde estoy ahora mismo? En Yellowstone. Llegamos ayer. Aerolínea de mierda. Cuatro horas de retraso. Les voy a dar una paliza cuando llegue a casa. Tú, y ahora estoy frente a una manada de bisontes. Totalmente alucinante. ¿Hola?

Helmut mira impotente su smartphone, lo sostiene en alto por encima de su cabeza, se da la vuelta varias veces y limpia la pantalla, molesto. No hay red.

La «manada» de bisontes siguió pastando pacíficamente. El resto de los turistas fulminaron con la mirada al gritón, que no entienden el alemán de Helmut pero dejaron de observar a los animales tranquilos. El curioso coyote que se dirigía hacia el pequeño grupo se detiene y ladea la cabeza. Rápidamente, el tejón, que acababa de sacar su cabeza rayada de la madriguera, vuelve a esconderse. Helmut no se da cuenta de nada. Continúa despotricando sobre «los estúpidos yanquis» y la mala cobertura que hay.

El mundo digital ha entrado en Yellowstone y ha acabado con la paz en muchos rincones. Y cada vez hay más visitantes molestos por ello.

El ruido me agobia, sobre todo cuando estoy trabajando. Mis colegas escritores me dicen que necesitan cierto tipo de música para inspirarse. Yo necesito silencio para ello y estoy escribiendo este texto en completo silencio en mi despacho tras unas ventanas insonorizadas. ¿Cómo consigo encontrar el silencio en la rutina del día a día? Después de un momento de silencio, vuelve a ser más fácil distinguir lo importante de lo que no lo es.

Mucha gente arremete contra el ruido, mientras se sumerge voluntariamente en su propio ambiente sonoro dondequiera que esté. No pueden imaginar una vida sin teléfonos móviles, radio o televisión. Hay personas para las que el silencio es aterrador. Una conocida mía, cuando va de vacaciones a un lugar tranquilo, necesita somníferos para dormirse porque no soporta el silencio. Nuestra tendencia a llevar tapones en los oídos a cualquier hora del día se convierte en sordera adquirida. Bloqueamos el mundo real en favor de nuestros mundos sonoros personales. El precio que pagamos por ello es que olvidamos cómo escuchar.

Todos los días busco momentos de silencio, estoy pendiente de ellos para entrar en ellos lo antes posible. Algunos de esos momentos tengo que crearmelos yo misma. Apagar el teléfono, poner el mensaje de fuera de la oficina en el correo, decir no a las invitaciones. Luego cojo a mi perra y me voy con ella al bosque. La inmensidad de la naturaleza me cautiva. Escucho la nada, y sus melodías y ritmos silenciosos suenan armoniosos. Los animales me hablan del gran silencio de su hogar y me acogen en él.

Resulta inquietante cuando estos ruidos y sonidos de la naturaleza desaparecen de repente. Una vez presencié un eclipse solar. A medida que la luna se desplazaba por delante del sol, todo se volvía cada vez más oscuro y silencioso. Los pájaros dejaron de cantar. Fue una sensación perturbadora. Asociamos el canto de los pájaros con la vigilancia y la seguridad, que todo va bien en el mundo, eso es lo que hemos aprendido a lo largo de nuestra evolución. Si los pájaros no cantan, algo va mal. Puede tratarse de una catástrofe natural inminente o incluso de un eclipse solar.

Todos buscamos lugares que nos hagan sentir bien y nos enseñen lo que es importante. Estos lugares inspiran nuestra creatividad y nuestras esperanzas y nos conectan con el universo. Los necesitamos para tener una mente sana, y tenemos la obligación de protegerlos y conservarlos. Cuando un lugar alimenta la vida, la libertad y la belleza, es valioso para todos.

Un lugar especial de silencio para mí era mi cabaña de madera de Minnesota. Estaba tan lejos del mundo que podría haber estallado una guerra y no me habría dado ni cuenta. Mi paraíso y refugio era el lago junto a la cabaña. Cuando necesitaba pensar o simplemente buscaba soledad, salía en canoa. La paz y la tranquilidad eran impresionantes. Cuando arrastraba el agua con los remos y me dejaba llevar, me convertía en parte de la superficie lisa como un espejo. La intensidad del silencio se apoderó de mí sin que mis sentidos fueran capaces de asimilarla. Sentí la soledad a mi alrededor y perdí los límites de mi ser en esta extensión infinita. Hay que estar a solas con la naturaleza para vivirla de verdad. Me dejé deslizar hasta el borde de la barca y observé las nubes. Cuando me quedé dormida flotando sobre ellas, la llamada del búho de Virginia, que tenía su nido en el bosque, me despertó durante el crepúsculo. En uno de los muchos brazos laterales del lago, un pez blanco gemía en la orilla bajo el peso de un nido de águila calva.

Pasé muchos días así: observando a los animales, escribiendo en mi diario, leyendo o simplemente soñando despierta.

De vez en cuando me cruzaba con un ave que sólo existe en el norte: el colimbo o bribón común. Me impresionó desde el primer momento: ojos rojos en una cabeza negra sobre un cuello con un dibujo vertical blanco y negro parecido a un collarín. Lo que más me fascinó fue su canto, una risa salvaje que resonaba en la oscuridad sobre el lago en calma; una experiencia hipnótica, casi espiritual. El tamaño del colimbo me sorprendió. No podía imaginármelo levantando el vuelo con sus enormes alas moteadas. Pero entonces lo vi, como un jumbo cargado hasta los topes que despega en una pista demasiado corta, empezó a correr sobre el agua contra el viento, cada vez más rápido hasta que, en el último momento, levantó el chasis, o más bien las patas, y se elevó hacia el cielo justo por encima de las copas de los abetos. Si el lago hubiera sido más corto, el pájaro se habría estrellado contra los árboles al despegar, seguro.

Sin embargo, este todoterreno mostró sus habilidades especiales cuando buceaba. Se lanzaba a las profundidades a gran velocidad mientras se alimentaba y permanecía abajo tanto tiempo que una vez lo cronometré preocupada: ¡cuarenta segundos! La pareja de colimbos que tenía su territorio en mi lago me presentó a sus crías en primavera. La hembra llevaba a las crías a la espalda. Acurrucados cómodamente en las plumas de su madre, me miraban con ojos brillantes. En la canoa yo parecía inofensiva para ellos, porque mamá colimbo no tenía ningún reparo en acercarse y a menudo nadaba cerca de la barca.

De vez en cuando también observé nutrias y un castor que construía un nuevo hogar en el extremo opuesto del lago. Ninguno de los animales me tenía miedo ni huían de mí. Esto me convirtió en parte de ellos y me hizo olvidar el mundo exterior. Mi existencia se reducía únicamente a esta pequeña barca en el lago, el balanceo del agua, el olor a abeto y pino y el calor del sol primaveral sobre mi piel; y el silencio inmaculado, sólo interrumpido por el aullido histérico del colimbo. En momentos así, mi vida era perfecta.

¿Hay también lugares de silencio en Alemania donde pueda retirarme? Tal vez el bosque sea otro de esos lugares porque puede mantener alejado hasta el noventa por ciento del ruido, aunque tampoco suele haber silencio total. A lo lejos se oye el rugido de las autopistas, el ruido de las sierras mecánicas o de las obras, o un avión surcando el cielo.

Quizá busco el silencio en el lugar equivocado. Si sólo quiero encontrarlo en la naturaleza, siempre seré una persona impulsiva. Porque hay ruido en todas partes. Incluso el canto de un pájaro es interpretado por algunas personas como «ruido». Me resulta mucho más fácil entender el silencio de otra manera, no por la ausencia de ruido, sino por la ausencia de distracción. En la vida diaria nos bombardean constantemente con estímulos del exterior, nos distraemos y perdemos así el contacto con nuestra voz interior. Ya no la oímos entre el ruido del mundo y sólo volvemos a entrar en contacto con ella cuando hay silencio. Somos como un vaso de agua que hemos llenado en un río. Está turbio por las muchas partículas de arena que hemos removido, y el agua sólo se vuelve clara cuando dejamos el vaso quieto y todas las partículas se hunden hasta el fondo. Lo mismo ocurre cuando nos retiramos al silencio: recuperamos el contacto con nuestra voz interior, vemos con más claridad y podemos distinguir lo esencial de lo no esencial.

Puedes aprender a lidiar con el silencio. Los monjes y las monjas son maestros en ello. Quise saber cómo se siente ese silencio y reservé un «fin de semana de silencio» en la abadía de Königsmünster, en Meschede. Me alojé en la Haus der Stille (Casa del Silencio, en alemán), en una habitación individual con baño. Desde el pequeño escritorio frente a la ventana del suelo al techo miraba al jardín con árboles frutales en flor. Daba largos paseos por el parque contiguo al monasterio. Había horarios fijos para el desayuno y la cena en el pequeño comedor y una sola norma: no hablar. Al principio me sentí muy insegura. ¿Saludo a la gente en el desayuno con un «Buenos días»? ¿Cómo pido la sal? Rápidamente me di cuenta de que se pueden decir muchas cosas con un movimiento de cabeza y una sonrisa, sin ninguna palabra. Sin hablar. Nada de «¿De dónde eres? ¿A qué te dedicas?». Al principio me pareció una grosería, pero luego se convirtió en algo cada vez más respetable y muy beneficioso. ¿Por qué siempre tenemos que parlotear tanto en la vida cotidiana? A menudo nos perdemos cuando hablamos, nos volvemos erráticos y dispersos, nos alejamos del presente en lugar de estar despiertos y presentes. Hablamos por encima de nuestros sentimientos en lugar de ser conscientes de ellos. Después del fin de semana en el monasterio, algo cambió. Descubrí que prescindir de las palabras abría espacios. Me llevó a la paz, a respirar de nuevo, a ser. Me di cuenta de que no necesitaba un monasterio para estar cerca de mí misma. Basta con no decir nada durante un tiempo, incluso cuando estoy con otros. O retirarme un rato para volver a sentir mi voz interior.

Más allá de la naturaleza salvaje y de mi vida diaria en Alemania, hoy encuentro círculos de silencio en todas partes: en una iglesia, la biblioteca, el parque, en el bosque, en espacios de silencio en aeropuertos y estaciones de tren, o en yoga; pero también cuando me siento en la terraza con un buen amigo después de una profunda conversación tomando el té y disfrutamos juntos de la puesta de sol, en silencio.

Incluso en medio de una ciudad ruidosa, se puede encontrar silencio. Hace poco, observé a un hombre sentado en un banco junto al andén de la principal estación de ferrocarril de Fráncfort, obviamente meditando. Su traje oscuro con corbata a juego, sus zapatos lustrados y la bolsa del portátil sobre las rodillas lo identificaban como un hombre de negocios. Tenía los ojos cerrados e irradiaba la paz de un Buda. Ni las prisas de la gente ni los anuncios por megafonía parecían molestarle. En el momento en el que llegó el cercanías de alta velocidad (ICE) abrió los ojos y subió tranquilamente. Me impresionó y me dio un poco de envidia.

El silencio está dentro de nosotros, y es un regalo que podemos hacernos de nuevo cuando queramos.

Para mí, que soy muy madrugadora, el amanecer es el momento más tranquilo y feliz del día. Cojo al perro y salgo a la naturaleza. En mi montaña local favorita, observo cómo se apagan las estrellas y se transforma el negro del cielo, de añil a gris y de melocotón a azul pálido. En esos momentos, mi mundo se reduce a sus elementos básicos y me doy cuenta de lo que es importante. Todo se detiene.

La oscuridad y las estrellas

En el invierno de 1999, volé al suroeste de EE.UU. en un viaje de investigación para informarme sobre el lobo mexicano, que había sido reintroducido en Arizona y Nuevo México hacía un año. Hablé con investigadores, visité los recintos vacíos de aclimatación de los lobos y esperé ver en libertad a uno de estos cánidos extremadamente raros y en peligro de extinción. Por desgracia, no pude.

Un amigo biólogo y colaborador en el proyecto del lobo me dio un consejo: «Prueba en el sur de Texas. De vez en cuando emigran allí individuos desde México. Oficialmente, no se habla de ello porque el lobo no es muy popular entre los granjeros». Me recomendó ir al Parque Nacional de Big Bend como punto de partida y me deseó suerte.

A través de Tucson y El Paso, hice el largo viaje a una de las zonas más aisladas y salvajes del suroeste de EE UU. En Marathon, me desvié hacia el sur por la interestatal 90 hasta el Parque Nacional de Big Bend, de 800.000 hectáreas. El nombre hace referencia al recodo del Río Grande, el río fronterizo entre México y EE UU, que cambia bruscamente de curso bajo las montañas Chisos. En su camino de vuelta hacia el norte, traza una irregular V abierta antes de desembocar de nuevo al sur, en el Golfo.

Las escasas carreteras del parque serpenteaban por el suelo desértico, donde las crecidas repentinas arrastraban de vez en cuando los huesos de los dinosaurios. Conducían a gargantas fluviales con acantilados de hasta quinientos metros de desnivel, y ascendían entre picos esculpidos por la erosión que se elevaban mil doscientos metros por encima del terreno que los rodeaba.

En el trayecto hacia el sur del parque, la vegetación cambió. Los robles y enebros se convirtieron en cactus, y el paisaje montañoso en desértico. En Panther Pass, me detuve para disfrutar de la vista de las masas rocosas apiñadas y erosionadas antes de continuar por una carretera sinuosa hasta el Centro de Visitantes de Chisos Basin. El guarda me dio un mapa con los pocos campings del parque. A petición mía, me expidió un permiso de travesía, que complementó con una advertencia: «Se encuentra en la zona fronteriza con México. Aparte de unos cuantos espaldas mojadas (así se llama a los inmigrantes ilegales en EE. UU. porque nadan por el río con su equipaje a cuestas), sólo hay unos cuantos narcotraficantes mexicanos merodeando. Pero últimamente todo está tranquilo».

Le prometí que le informaría antes de irme para que no tuviera que enviar un equipo de rescate a buscarme.

—He oído hablar mucho de la oscuridad y del cielo estrellado de aquí. ¿Puede decirme algo sobre esto? —, me acordé de ello y se lo pregunté.

—Créame, este es el lugar que está buscando. Es el mejor lugar del mundo para ver estrellas —, el guardabosques sonrió. —Déjate encantar y aléjate de los campings, que tienen demasiada luz —, sacó un folleto y me lo dio.

Conduje hacia el sur por carreteras secundarias hasta Río Grande. Las pocas personas que vi estaban ocupadas mirando al cielo. No, aún no era de noche, pero el parque nacional es un paraíso para los *birders*; es decir, los amantes de las aves a los que les gusta cruzar la carretera con los prismáticos delante de los ojos, completamente abstraídos.

Con cuidado, rodeé a uno de ellos, que levantó una mano en señal de saludo sin apartar los ojos del cielo, y me dirigí al Cañón de Santa Elena, en la orilla norte del río Grande. Mientras contemplaba cómo fluía tranquilo del río fronterizo, me comí una manzana al borde de un banco de arena. En el lado opuesto, una pared de piedra caliza se alzaba hasta una altura de unos quinientos metros. Estaba interrumpida por una gigantesca hendidura vertical, un poco más ancha que el río que salía de ella. Las rocas de la derecha abrazaban Estados Unidos, las de la izquierda México.

Bajo la imponente pared rocosa, el aire era fresco y húmedo. Olía raro, como un perfume pesado, salvaje y en cierto modo familiar. Me recordó a mis viajes por el suroeste de Estados Unidos, donde olía parecido después de cada lluvia. Hay lugares que despiertan todos los sentidos: la vista, el olfato, el oído, la conciencia. El olor de un lugar suele desprenderse con la lluvia. Es una combinación de moléculas tan exclusiva de un paisaje como su geología.

Lo que olí fue el aroma del desierto. Procedía del arbusto de la gobernadora, una planta perenne típica del desierto que puede vivir más de mil años. Chupa con sus raíces cada gota de agua del suelo de su alrededor y puede sobrevivir durante meses, aunque no llueva. Cuando vivía en Santa Fe, Nuevo México, una vez rompí una rama marchita del arbusto que crecía detrás de mi casa y me la llevé adentro en una botella de cristal. Hoy, cuando siento nostalgia de los «viejos tiempos», muelo unas cuantas hojas, las espolvoreo en un platito y le pongo una gota de agua. Luego cierro los ojos e inspiro profundamente el aroma del recuerdo.

Lo que unca dejará de fascinarme es la extraordinaria capacidad de supervivencia y diversidad de las plantas y animales del desierto. En un entorno supuestamente inviable, prosperan las especies vegetales más grandiosas.

Las montañas Chisos, donde buscaba un lugar para pasar la noche, representan una isla biológica para los naturalistas. Aisladas de otras montañas altas, hay una sorprendente mezcla de especies. Se han identificado más de mil doscientas especies de plantas y cuatrocientas cincuenta de aves, de las cuales sólo algunas son autóctonas, dentro de los límites del parque.

Me adentré en la oscuridad por una carretera de grava, lejos de los campings con sus lámparas de propano. Nunca entenderé por qué hay que tener tanta luz cuando se acampa en la naturaleza.

El folleto de astronomía había anunciado Big Bend como «el mejor lugar de América para dormir bajo las estrellas». Y con razón: la humedad es muy baja debido a la ubicación resguardada, por lo que apenas se forman nubes; la civilización está lejos y no hay contaminación lumínica.

Las cadenas montañosas aún brillaban con el rojo del atardecer cuando aparqué la camioneta en un lugar llano, protegido por rocas escarpadas. La oscuridad se cernía sobre la tierra mientras preparaba mi telescopio, que siempre llevo conmigo cuando estoy en la naturaleza. Sobre todo, cuando espero ver lobos. Preparé el interior del coche para pasar la noche, abatí los asientos traseros y coloqué encima la esterilla y el saco de dormir. Como aún me quedaba algo de tiempo antes de que oscureciera del todo, quise descansar brevemente antes del espectáculo estelar.

Me desperté sobre las 1 con el aullido de un coyote. Emocionada, salí del coche y encendí la linterna entre los arbustos. ¿Encontraría a uno de estos pequeños cánidos? No, por desgracia no. Entonces apagué la luz y miré hacia arriba y me quedé boquiabierta ante la maravilla que había sobre mí.

Jamás había visto las estrellas como aquella noche. Había tantas que iluminaban todo el cielo. Estrellas por todas partes, de un horizonte al otro. La frase «brillar como una estrella» adquirió un nuevo significado. Sobre mí se extendía una Vía Láctea increíblemente densa. «Camino de Santiago» o «círculo de la leche», como también la llaman. El cielo no era plano, sino tridimensional. En mi vida había podido distinguir los colores de los cuerpos celestes como en ese momento; una nube de polvo de estrellas parecía azúcar glas sobre un pastel.

Al final, encontré las Pléyades. Son el conjunto de estrellas más famoso del cielo, una llamativa mancha de luz en la que se pueden ver a simple vista entre cinco y seis estrellas. Todo el conjunto está formado por mil doscientas estrellas y se encuentra a cuatrocientos treinta años luz de nosotros. Con mi telescopio pude ver claramente a las siete hermanas.

Cuando mis ojos se acostumbraron a la vista, conocí Orión y descubrí la Osa Mayor entre cientos de cuerpos celestes luminosos que casi llegaban a oscurecer la constelación. No brillaba la luna, pero había estrellas fugaces, aleatorias, esporádicas y constantes. Entre ellas, alguna con una larga cola llameante. Y yo estaba allí. Todo el firmamento titilaba, bailaba y cantaba en silencio para sí mismo. Todo parecía tremendamente presente y vivo.

La belleza de las estrellas es inimaginable. Brillan a temperaturas sumamente altas durante incontables eones. Parpadean, brillan y centellean, y las explosiones de su nacimiento y muerte resuenan en el cosmos sin que nadie las oiga. Las ondas sonoras, a diferencia de la luz y las ondas de radio, no pueden propagarse en el vacío. Ahí fuera, más allá de la envoltura atmosférica, hay un silencio inmenso y eterno.

Son dimensiones inconcebibles. La Vía Láctea de nuestra propia galaxia tiene tantas estrellas como células tiene mi cuerpo, y hay al menos ciento veinticinco millones de otras galaxias. Los números pierden todo el sentido cuando se piensa en ello.

Aquí estaba yo, haciendo lo que la gente llevaba haciendo miles de años. Miré al cielo nocturno sabiendo que todo aquel esplendor estaba allí, pero que yo nunca lo alcanzaría. Pensé en el pasado, porque muchos de los cuerpos celestes que veía brillar allí ya estaban muertos y apagados, hacía miles de años, y es ahora cuando me llegaba su luz. Mirar las maravillas del cielo nocturno nos conecta a todos y cada uno de nosotros con todas las personas que han vivido alguna vez en este planeta. Los átomos que componen nuestros cuerpos proceden del gas y la materia de estrellas prehistóricas.

Cada fibra de mis músculos estaba tensa por el asombro y la admiración. No sé cuánto tiempo estuve allí en la oscuridad. Cuando empecé a temblar de frío, me metí en el saco de dormir del coche y seguí mirando al cielo a través del cristal de la ventanilla trasera hasta que, en algún momento, se me cerraron los ojos.

A la mañana siguiente me despertó un ruido. Un resoplido, un jadeo, un gruñido. Escuché con atención e intenté no moverme. ¿Qué era aquello? ¿Quién era? ¿Quizá el lobo mexicano que había estado buscando? ¿Pero gruñiría? O igual eran los narcotraficantes mexicanos. Maldita sea, ¿dónde estaba mi espray de pimienta? Con mucho cuidado y a cámara ultralenta, abrí la puerta y me quedé helada. No había ningún lobo esperándome fuera, pero me estaban esperando una docena de... puercos. Más concretamente, jabalíes, una especie asilvestrada de cerdo doméstico perteneciente a la familia de los pecaríes. Sobre estos animales circulan las historias más aterradoras. Se dice que son extremadamente agresivos y que atacan a cualquiera que se interponga en su camino con sus largos y puntiagudos colmillos. Historias similares a las que oímos una y otra vez sobre nuestros cerdos salvajes domésticos. Al igual que aquí en Berlín y sus grandes ciudades, a menudo se pueden ver manadas de jabalíes en los suburbios de Phoenix y Albuquerque, corriendo por las calles y escarbando en los contenedores. Y al igual que nuestros jabalíes alemanes, los pecaríes son animales pacíficos que no tienen la menor intención de atacar a un ser humano.

Sólo el contacto con la glándula odorífera de su lomo, que utilizan para identificarse entre sí, podría resultar desagradable si los sobresaltas. En silencio, cogí la cámara. El silencio de primera hora de la mañana se rompió con los sonidos de mi obturador y de la manada de herbívoros que escarbaba tranquilamente entre la hierba, gruñendo y dando golpes porque estaban contentos. Los animales no se dejaban molestar. A mis ojos, eran bastante bonitos. Más pequeños y mimosos que nuestros jabalíes autóctonos. Un poco más tarde incluso los vi comiendo cactus; no parecían importarles las espinas. Se alejaron cuando empecé a manipular ruidosamente la cocina del camping y a prepararme el café de la mañana.

Al salir el sol, me senté en una piedra y miré lo que me había perdido durante la noche. Las flores muertas de la planta del siglo, un agave, se alzaban sobre las laderas más bajas de la montaña como troncos secos y erosionados. En el lateral de uno de los tallos vi la abertura redonda de un agujero de pájaro carpintero. Esta planta almacena alimento a lo largo de diez o veinte años en sus hojas carnosas. Luego, en una sola temporada, el tallo en flor alcanza una altura de cuatro a cinco metros. A finales de la primavera y principios del verano, aparecen grandes masas de flores doradas en la parte superior. Después, toda la planta muere. En su base, una planta más pequeña o un anillo de plantas se prepara para ocupar su lugar. Hay que imaginárselo por un momento. El agave vive todo un siglo para deleitar al universo con su belleza durante una sola noche y morir inmediatamente después. Paciencia, perseverancia, tiempo... son cualidades que encontramos por doquier en la naturaleza y con las que tanto nos peleamos.

No había encontrado al lobo mexicano en el Big Bend, pero sí una mezcla de desierto escarpado, montañas divinas y fértiles valles fluviales en una vasta e impresionante extensión de tierra coronada por un cielo estrellado resplandeciente como regalo. Y el encuentro con los jabalíes fue la guinda del pastel, por así decirlo.

En el vuelo nocturno de regreso a casa, miré por la ventanilla y vi el desierto a oscuras debajo. Sólo se veía la iluminación esporádica de pueblos o granjas, o algunas farolas. Hoy sería una visión diferente, pues casi ya no quedan puntos negros en la superficie de la tierra. La luz de las ciudades se extiende y brilla muy lejos en el horizonte. Los investigadores llaman a este fenómeno «resplandor nocturno», en el que una campana de luz suele verse a kilómetros de distancia y a menudo sigue reflejándose en la capa de nubes.

Recuerdo mi primera visita a Las Vegas a mediados de los setenta. Ya era tarde, había perdido mucho tiempo en el desierto. En plena oscuridad y sin iluminación, la carretera ascendía por una colina. Cuando superé la cresta, la colorida y reluciente ciudad se extendía ante mí en el valle, como un árbol de Navidad al que se hubieran encendido las luces. Se distinguía claramente del negro desierto. Estaba ante una imagen un tanto surrealista.

Qué diferencia con mi última visita en 2015. La ciudad ya era visible en más de cien kilómetros por su amplio resplandor de luz en el horizonte. Los rayos neón de los grandes casinos iluminaban la noche con intensidad.

En las imágenes de la NASA, la Tierra se ve desde arriba como si sufriera un sarpullido rojo febril, salpicado de pústulas brillantes incandescentes. Las manchas oscuras ya sólo se encuentran donde no hay naciones industrializadas.

La luz eléctrica nos ha dado la libertad de trabajar o seguir teniendo vida mucho después de que se haya puesto el sol. Podemos decidir por nosotros mismos cuándo estamos despiertos o nos vamos a dormir, y nos sentimos más seguros (en teoría) cuando hay más luz al atardecer o por la noche. Las farolas LED se utilizan sobre todo porque ahorran electricidad. La iluminación actual también tiende a propagar la luz hacia arriba.

En todo el mundo, la contaminación lumínica está aumentando entre un 2 y un 5 % al año, con importantes repercusiones sobre los seres humanos y la naturaleza. Alrededor del 30 % por ciento de los vertebrados e incluso más del sesenta por ciento de los invertebrados son nocturnos y pueden verse afectados por la luz artificial nocturna. Las aves que viven en las ciudades se reproducen antes que las que viven en el campo. Las aves migratorias ven alterado su sentido de la orientación. El esmog lumínico (junto con la agricultura intensiva y el sellado de tierras) es una de las razones por las que los insectos están muriendo. Y la gente también se siente perturbada por la ausencia de oscuridad e incluso cae enferma.

Según el Atlas mundial del brillo artificial del cielo nocturno de 2016, el ochenta por ciento de la población mundial vive bajo cielos contaminados por la luz. En Estados Unidos y Europa, el 99 % de la población no puede disfrutar de una noche natural.

Hemos evolucionado en la noche. La transición de la luz a la oscuridad se produce gradualmente; primero tenemos el crepúsculo, luego viene el brillo de la luna (baja en luna nueva) y, si tenemos suerte, la luz de las estrellas. A la mayoría de la gente no se le ocurre mirar al cielo por la noche. Corren de un lugar iluminado a otro y, en cuanto hay un poco de oscuridad, encienden la luz.

No estamos hechos para la oscuridad. Somos seres visuales. La vista es nuestro sentido más importante. Lo necesitamos para comprender nuestro entorno más próximo. No soy una persona nocturna, sino muy madrugadora; no soy un búho, sino una alondra. Por eso prefiero sentir la «oscuridad» antes de que amanezca. A última hora de la tarde o en mitad de la noche no me encuentro bien, estoy cansada y bastante nerviosa.

Cuando me mudé a Minnesota en 1991, experimenté la oscuridad real por primera vez. La cabaña estaba lejos de cualquier fuente de luz, sólo la luna y las estrellas alumbraban un poco, y eso sólo bajo un cielo despejado. Durante un paseo nocturno al baño exterior, de repente tropecé y la linterna se cayó y se apagó, me entró el pánico. Estaba sumida en una oscuridad profunda, literalmente no podía ver mi mano delante de mis ojos. Ya no había nada que me resultara familiar a mi alrededor. Todos mis sentidos estaban muy despiertos, totalmente concentrados en ver algo, cualquier cosa. Pero no había nada. Entonces el miedo se apoderó de mí. Busqué desesperadamente un sonido por el que orientarme. Los sonidos de la noche son silenciosos y terroríficos. Al final, encontré la lámpara y volví a encenderla.

Eso no podía volver a pasarme. Tenía que superar ese miedo y para ello, debía dejarme abrazar por la oscuridad. Quería entrenar la agudización de todos mis sentidos en senderos conocidos durante caminatas nocturnas, primero con la linterna; luego a la luz de la luna y después, completamente a oscuras.

Caminar de noche es una experiencia completamente distinta a la de recorrer el mismo camino durante el día. La oscuridad oculta los puntos de referencia que conoces y cambia los que aún se pueden ver. La percepción de la profundidad se convierte en un juego de adivinanzas y aparecen nuevos grupos de animales.

Empecé despacio, tanteando el terreno a cada paso y dando tiempo a mis ojos para que se adaptaran. Se acostumbraron a la oscuridad más rápido de lo que pensaba. Los demás sentidos tomaron el relevo y se aceleraron. Oía todos los sonidos: las ramas y las hojas crujiendo bajo mis pies, las alas de un búho volando sobre mí, los grillos, las ranas y, a lo lejos, el aullido de un lobo. Localicé el lago junto a nuestra cabaña antes de escucharlo. Las olas golpeaban suavemente la orilla. Un colimbo canturreaba y otro pájaro parecía caminar sobre el agua antes de elevarse en el aire con un poderoso batir de alas. Oí todo esto como nunca.

Para no caerme, tuve que usar los brazos y las manos. A medida que el sendero descendía hacia el lago, me agarraba a pequeños árboles, agradecida por su apoyo. Las rocas estaban resbaladizas y húmedas por el rocío de la noche. Puse el pie donde tenía la mano en ese momento, para saber que podía pisar con seguridad en ese lugar. Sentía todo bajo mis pies y sentía más conexión con la tierra de lo que nunca había imaginado. El aire era fresco, ligero y húmedo. Refrescante para los pulmones. Depurativo.

Si al principio la oscuridad me había parecido una limitación, ahora parecía que hacía desarrollar superpoderes. No tener ojos de búho ya no me impedía descubrir los detalles del paisaje de medianoche. Empecé a notar las sutiles diferencias entre las distintas tonalidades de los árboles. Con cada paso, la oscuridad me era más conocida. Me pregunté por qué no me había dado cuenta de todo esto durante el día y decidí repetir la excursión al día siguiente, pero esta vez con mucha más atención.

A día de hoy, recuerdo mejor todas las excursiones nocturnas que he hecho que cualquier excursión diurna. Me abrieron las puertas a una nueva experiencia en la naturaleza. Cualquiera que haya vivido una noche realmente a oscuras, nunca la olvidará. Se graba en nuestra memoria y se convierte en una imagen imborrable que nos inspira y nos hace querer experimentarla una y otra vez. Yo sentí lo mismo en Minnesota. Empecé a hacer senderismo nocturno con frecuencia. Me invadieron el estado de vigilia total, la energía sin precedentes y la absoluta presencia. Aunque la cabaña estaba en pleno territorio de lobos y osos, no me paré ni un minuto a pensar en los posibles peligros que podía haber en la oscuridad. Había conseguido superar mi miedo. Esto me hacía invencible. Me sentí envuelta por esta noche natural. Rodeada de criaturas congéneres cuyos hogares había invadido, pero que no se preocupaban por mí mientras no les molestara, la oscuridad me envolvía de una forma evidente y extraña.

Debemos prestar más atención a la oscuridad y al cielo nocturno. La mayoría de nosotros crecemos en una ciudad. No nos damos cuenta de que deberían verse miles y miles de estrellas. Toman el cielo tal como lo conocen, por algo natural y normal. Pero no tenemos por qué aguantar tanta iluminación molesta. También podemos hacer algo nosotros mismos en casa para que haya más oscuridad. Por ejemplo, deberíamos encender menos luz artificial por la noche. La luz azul de la televisión, los ordenadores y los smartphones perturba nuestro descanso nocturno. En su lugar, un breve paseo antes de ir a la cama ayuda a relajarse. Y podemos apagar el móvil por la noche. Adiós a la luz innecesaria. Mis vecinos han equipado su jardín con lámparas solares. Ahora unas bolas de luz brillan toda la noche a lo largo de los caminos del jardín para hacerlos «seguros». Por la noche, cuando nadie pasea por el jardín.

En mi infancia, la visibilidad de la Vía Láctea era uno de los fenómenos más conocidos del cielo nocturno. Aún hoy se pueden encontrar oasis de oscuridad en Alemania. Las regiones que se han dedicado a proteger la oscuridad nocturna se llaman Parques de cielo oscuro, un título concedido por la Asociación Internacional del Cielo Oscuro (IDA, por sus siglas en inglés), una organización que lucha contra la contaminación lumínica en todo el mundo. Para ser aceptadas, las comunidades de la respectiva región deben, por ejemplo, comprometerse a cambiar su iluminación. La luz debe irradiar hacia abajo y las luces azules deben reducirse. También incluye actos que informan a la gente sobre los problemas de la contaminación lumínica, así como visitas astronómicas.

En Alemania hay cuatro parques de estrellas. Están situados en Westhavelland, Eifel, los Alpes Chiemgau y el Rhön, con la ciudad de las estrellas de Fulda.

Había reservado una visita guiada a las estrellas en la región del Rhön para el 20 de marzo de 2020. Simon, miembro de Sternenpark Rhön e.V. y astrónomo aficionado entusiasta, quería mostrarme el cielo estrellado con su telescopio astronómico. Yo estaba todo lo preparada que podía estar ante la idea de poder echar por fin un vistazo al universo.

Y entonces el virus de la denominada enfermedad de la covid-19 sembró una nueva, desconocida y aterradora oscuridad sobre nuestro país. No funcionaba nada. Hoteles cerrados, restricciones de contacto, viajes cancelados. ¿Qué se podía hacer? Agradecí las lecciones que había aprendido de los animales y volví a recordar la capacidad de adaptación de los coyotes. Al coronavirus no le importaba el cosmos, no le importaban mis planes. Era hora de cambiar la perspectiva. No necesitaba un parque estelar, podía acceder al universo en todas partes.

En una de las siguientes noches despejadas y sin nubes, con luna nueva, coloqué mi tumbona en el rincón más oscuro de mi jardín, donde no brillaban ni la farola de la calle ni las luces solares de mis vecinos. Con mis prismáticos y varias mantas, me preparé para pasar la noche.

El silencio era absoluto. Ni sonidos, ni cantos de pájaros, ni viento. Sobre mí estaba la Vía Láctea. Volvió a mí un recuerdo primigenio: estaba en casa y formaba parte del universo. La infinitud del espacio me daba una extraña seguridad, una sensación de estar flotando.

Cuando visualizas la inmensidad y el vacío del espacio y luego imaginas la diminuta canica azul brillante que es nuestro hogar, te invade el sentido de responsabilidad por nuestro planeta, porque te das cuenta de lo raro y hermoso que es.

El cielo estrellado en la oscuridad de la noche es un regalo de la naturaleza. Amplía nuestra percepción del mundo. Deberíamos apreciar más este regalo, porque está justo encima de nosotros, gratis. Todo lo que tenemos que hacer es echar la cabeza hacia atrás. Tenemos una entrada para asistir al espectáculo eterno de la naturaleza.

Decidles a los lobos que estoy en casa

—¿Eres Caperucita Roja? —, preguntó la niña mientras me daba la mano.

Miré a la niña de las tradicionales coletas rubias, que me miraba con unos brillantes ojos azules.

—Sí, soy yo—, respondí y sonreí. Acababa de recoger a la pequeña Lisa de casa de sus abuelos. Volaba sola desde Fráncfort de vuelta a Londres con sus padres, y yo la llevé hasta su puerta de embarque. Saludó con la mano a los abuelos, que aún estaban secándose las lágrimas por la despedida, mientras la niña de seis años ya estaba en un mundo aparte.

—¿Y dónde está el lobo?

Otra pregunta curiosa. No me libraría de esto tan fácil. Lo pensé de forma febril.

—Está en casa durmiendo.

—¿En casa de la abuela?

¿Dónde me había metido?

—¿Quieres verle? —, le pregunté.

Lisa asintió con impaciencia y rebotó impaciente con ambas piernas mientras yo me metía la mano en el bolsillo y sacaba una foto de mi perro, un mestizo negro.

—¡Eso no es un lobo! —. Chica lista. Lisa parecía decepcionada.

—Espera, tengo algo más—. Busqué más y mostré una foto arrugada en blanco y negro. Mostraba a mi primer perro, un pastor alemán enorme que parecía un lobo. Por alguna razón, seguía llevando conmigo aquella foto de hacía quince años. Fascinada, Lisa miró la foto y dijo: «Es precioso».

Allí estaba yo, arrodillada en el vestíbulo de facturación del aeropuerto de Fráncfort junto a una pequeña Pippi Calzaslargas con coletas pasadas de moda, con una vieja foto de un perro en las manos. A nuestro alrededor, los pasajeros con maletas y carritos de equipaje se dirigían hacia las puertas de salida. Para nosotras dos, sólo estaba el «lobo» de la foto. Sólo el zumbido de la radio me devolvió al presente. El centro de control me recordó que ya habían llamado a los pasajeros para el vuelo de Lisa y que tenía que acompañarla a la puerta de embarque.

—¿Te gustan los lobos? —, le pregunté a la niña, que asintió con entusiasmo.

—¿Y no les tienes miedo?

—¡No! ¿Por qué?

—Pero ya te sabes el cuento de Caperucita Roja. El lobo se come a la abuela—. Ahora quería saberlo.

—Mmm, pero eso es una estupidez. Pobre lobo.

Con una gran sonrisa, me apresuré con la niña a pasar el control de pasaportes hasta su puerta de embarque. Me arrodillé, me despedí de ella con un abrazo y se la entregué a la azafata. Aunque tenía muchas cosas que hacer, esperé a que despegara el avión. Algo en las preguntas de la niña me había conmovido.

Eso fue en 1971, y yo era realmente una Caperucita Roja. Esa era la descripción no oficial del trabajo de los empleados del servicio de asistencia de Lufthansa, un departamento especial de la compañía aérea que se ocupaba de los ancianos, los enfermos, los discapacitados y los niños que viajaban solos. Para que los pasajeros nos reconocieran más fácilmente, llevábamos un gorro rojo con nuestro uniforme azul, que contrastaba con el resto del personal de tierra, cuyo tocado era azul.

El logotipo de Lufthansa (una grulla dorada) estaba estampado en el sombrero.

Durante una lectura de mi libro *La sabiduría de los lobos* décadas más tarde, recordé esta historia. Me di cuenta de que entonces, en el ajetreado aeropuerto de Fráncfort, una niña me había abierto una ventana al futuro, mucho antes de convertirme en una de las investigadoras de lobos más conocidas de Alemania.

Ha sido un largo camino, de Caperucita Roja a naturalista independiente, de la vida en la *jet-set* a la naturaleza salvaje, del bufete de abogados a las montañas de Montana. Un camino con desvíos y atajos, aberraciones y conocimientos intuitivos, carreteras anchas y callejones sin salida, valles profundos y altas cumbres, con entusiasmo y lágrimas, miedo y mucho valor, aventuras y milagros. Hubo muchos nuevos comienzos y decisiones radicales. Pero una cosa permaneció inalterable y me impulsó a seguir y seguir: el amor por los lobos.

Todo empezó durante la infancia con mi pastor alemán, cuya foto le había enseñado a la pequeña Lisa. Muchos años después, el destino me llevó a un recinto de lobos americanos, donde lo aprendí todo sobre los lobos cautivos durante unas prácticas de investigación del comportamiento; y a partir de 1995, fui voluntaria en el Parque Nacional de Yellowstone con el proyecto del lobo y desde entonces he estado observando la fascinante vida familiar y el comportamiento de los lobos salvajes. Para mí fue un gran privilegio vivir esta experiencia.

Durante más de treinta años me dediqué a divulgar información sobre los lobos. Fundé una revista sobre este tema, escribí libros y di conferencias. Me invitaban a tertulias y he discutido con oponentes y amigos del lobo en eventos. Cuando fundé la Sociedad para la Protección de los Lobos en 1991, no había lobos en Alemania. No volvieron hasta diez años después.

Gracias mis años de trabajo de divulgación, les ayudé a abrirles el camino.

Hoy el lobo ha llegado a Alemania. Hemos aprendido a convivir con él. Siempre habrá problemas reales y miedos irracionales (y gente que se aprovecha de ellos) en relación con estos animales. Para mí, lo más importante es que ha vuelto cierta normalidad al tema del lobo. Ni pánico, ni protestas, ni pedestal de santo, sino simplemente un «Vale, los tenemos aquí. Sigamos con nuestras vidas». La emoción ha dado paso a una serenidad que espero que se mantenga. Esto es por lo que he estado trabajando todos estos años. Ahora los lobos pueden valerse por sí mismos y sobrevivir. Muchas personas maravillosas y expertos les están ayudando y continúan mi lucha.

Los lobos me enseñaron todo lo que necesitaba saber sobre la naturaleza, sus conexiones y mi papel en el mundo. Ahora es el momento de dejarlo estar y seguir adelante. Ya no nos necesitamos. Somos libres.

Al principio de este libro hablé de nuevos comienzos y decisiones. Se necesita fuerza y valor para salir de los viejos esquemas y hacer cambios, sobre todo cuando se trata de algo con lo que se ha vivido durante tanto tiempo. Pero la vida es demasiado corta para quedarse en el pasado. Se trata de cambiar percepciones, de dar espacio a tus propios deseos. Lo que cuenta al final es cuánto amor hemos dado y cuánto tiempo hemos dedicado a las cosas que nos importan. El fuego interior que mantuvo vivo mi deseo durante muchos años fue el de salvar a los lobos. Ese fuego se ha convertido en una brasa cálida. Ahora puedo cuidar de mi ser más íntimo, mi alma, mi yo.

Los pueblos primitivos creen que el lobo tiene un don especial como maestro, porque guía a los humanos en su propio camino en la vida. Estoy profundamente agradecida por este don de la naturaleza salvaje.

Agradecimientos

Escribí gran parte de este libro en la oficina de mi casa durante el confinamiento del coronavirus. Para mí, como escritora a tiempo completo, la pandemia cambió poco. Sólo se cancelaron las reuniones inspiradoras con colegas y amigos en la heladería. ¡Lo compensaremos!

Muchas editoriales tuvieron que aplazar o incluso suspender la publicación de sus libros. El hecho de que ahora tenga en sus manos *Las maravillas de la naturaleza salvaje* se debe al compromiso de todo el personal de Ludwig Verlag, que trabajó en la planificación y creación de esta obra en condiciones difíciles desde sus oficinas en casa.

En el libro hablo de la resistencia de los coyotes, que se adaptan y sacan lo mejor de cada situación desesperada. Vosotros sois mis coyotes:

Uwe Neumahr (agencia), Jessica Hein (edición), Ulrike Strerath Bolz (edición), Beatrix Braken-Gülke (prensa) y Carolin Lachenmaier (eventos). Gracias por vuestro compromiso.

Gracias también a mis ayudantes silenciosos en la sombra por vuestro apoyo: Tanya Carpenter, Andrea Weil, Andrea Martens y Sabine Fladung-Wagener.

Pero sobre todo te doy las gracias a ti, lectora y lector de Heber, por la confianza que has depositado en mí al leer este libro. Espero haber podido darte placer con este viaje por la naturaleza salvaje.

Te informaré en www.elli-radinger.de.

Para más información:

EDITORIAL
CARBRAME

www.editorialcarbrame.es
editorialcarbrame@gmail.com